禅与饮茶的艺术

[美] 威廉·斯科特·威尔逊 著

傅彦瑶 译

The One Taste of Truth

Zen and the Art of Drinking Tea

William Scott Wilson

CS 湖南人民出版社

浦睿文化 出品

献给我的妻子埃米莉

那是很值得的，花费那些少年的岁月、那些值得珍惜的光阴，来学会一种古代文字，即使只学会了几个字，它们却是从街头巷尾的琐碎平凡之中被提炼出来的语言，是永久的暗示，具有永恒的力量。有的老农听到一些拉丁语警句，记在心上，时常说起它们，这不是没有用处的。有些人说过，对古典作品的研究最后会让位给更现代化、更实用的研究；但是，有进取心的学生还是会研究古典作品，不管它们是用什么文字写的，也不管它们如何地古老——因为古典作品如果不是最崇高的人类思想的记录，又会是什么呢？

——亨利·戴维·梭罗

目录

第三章　终日乾乾

第四章　日日是好日

第五章 看脚下

第六章 无可无不可

第七章　和而不同

第八章　山是山，水是水

第九章　自然语

第十章　远离颠倒梦想

第十一章　无事

第十二章　无碍

第十三章　知足

第十四章 简单生活

第十五章 生活的完整性

茶道之中，重中之重，除却挂轴，别无他物。挂轴在，则客、主共参茶道三昧，共步一心之道。挂轴各色，以墨迹为佳。客、主共尊其字，而赏笔者、道人、祖师之德也……赏笔者之技与佛、祖之语相得益彰者尤佳。

——《南方录》

前言

八月末，日本西南部仍带着暑气。尽管如此，大地上秋草初生，秋天的花朵已绚丽绽放。杖朝之年的细川忠兴望着熊本的天空，察觉到凉秋将至。忠兴是细川家族的第三代大名[1]。他是一位受人爱戴的主君，有着敏锐的政治意识，同时以漆器艺术家和茶人的身份闻名于世。忠兴的城堡内有一间用茅草盖的小茶室。这天早上，他邀请了两位客人来喝茶，一位是年轻的禅师，另一位是深谙美术与雕刻之道的著名武士。忠兴前一天晚上打扫了露地中的飞石[2]。现在他注意到些许树叶和松针落于飞石上，更添几分惬意和自然的气息。

两位客人同时来了，他们俯身钻过一道矮门，进入茶室。

---

1 大名，在日本室町幕府时期、安土桃山时代、江户幕府时期的封建武装领主。——译注

2 露地，日本茶室的庭院。飞石，庭院中所铺的各式石头。——译注

这对武士来说并不简单，因为他比大多数日本人都高，虽然已年过半百，身子有些单薄，但仍筋骨强健，肩膀宽阔。茶室内部十分局促，只见几件茶具和一只茶碗，炉上放着一把铁壶，壁龛处挂着一幅卷轴，素烧的花瓶里插满淡紫色的满天星。

细川忠兴，号三斋，用黑乐茶碗[1]点了一碗略带苦涩的浓茶。大家并不苛求茶礼，茶席间对话轻快，有时还揶揄打趣。武士在一生中的大部分时间穿梭于乡间，他说今年还没听见“金琵琶”——一种活跃于夏末，叫声很大的蟋蟀——的鸣叫。他乘兴吟了《古今和歌集》[2]中的一首和歌，这首和歌描写的是迷失于秋之野，栖身于蟋蟀鸣处的心境[3]。禅师听后说了一段轶事：某日，他和武士在城郊的巨石上打坐，一条蛇爬过他的大腿，蛇犹豫了一下，随后爬向武士。尽管主客之间存在身份、地位的差距，但在茶室中似乎不存在人与人的差别。

大家的目光偶或扫过壁龛，于挂轴处稍作停留。这是一幅裱好的书法作品，作者是超凡的一休禅师，距离忠兴

---

1 黑乐茶碗，乐烧茶碗的一种，手捏成型，低温烧制，因而手感厚重、柔和，特别适用于抹茶。——译注

2 《古今和歌集》，一本编于日本平安时代（10世纪初）的诗选。——译注

3 出自《古今和歌集》第201首：“秋野迷途路，踟蹰顾四乡。秋虫鸣待处，一宿又何妨。”——原注（下文如无特别说明，则脚注为原注）

的时代已有一个半世纪。挂轴上是汉字“诸恶莫作，众善奉行”，引自佛陀弟子阿难尊者所诵的《七佛通戒偈》。此偈还有下半句云：“自净其意，是诸佛教。”此语点亮了他们的思想，启发了他们的谈话，三人似乎正与佛祖、阿难尊者和一休一同饮茶。[1]

-○-

自中国唐朝（618—907）起，茶道与禅宗就有着密不可分的联系。而在日本，二者的联系出现于镰仓时代（1185—1249）[2]。真正意义上的中国禅宗是从禅宗六祖慧能[3]的时代开始的，比士大夫陆羽写《茶经》早了几十年。饮茶很快在禅僧间流行开来，原因有二：一是茶的提神功效；

1 这幅想象中的三人共饮画面是很真实的，很可能真实地发生过。细川忠兴（1563—1646）是熊本的领主、非凡的文化名人；年轻的春山（生卒年不详）是细川家庙的一位禅师；武士宫本武藏（1584—1645）师从春山，学习禅道，同时也是细川忠兴儿子的剑术老师，有许多追随者。宫本武藏还研习能剧和传统诗歌。“诸恶莫作，众善奉行”的挂轴确实是由一休禅师（1394—1481）裱画的，如今陈列在细川家族设于东京的永青文库。上文提及的茶碗是一只黑乐茶碗，被称作“大津女士”，是忠兴从一位移居到日本的朝鲜陶艺师那里得到的。

2 镰仓时代的起止时间为 1185—1333 年，此处原文有误。—— 编注

3 禅宗六祖慧能，即曹溪惠能大师（638—713），对中国佛教以及禅宗的弘化影响深远。—— 译注

二是由茶发展起来的仪式性聚会创造了质朴、正念和审美体验。早在唐朝以前，中国就出现了茶。据禅宗所传，茶是由禅师菩提达摩[1]从印度带入中国的。还有一种说法是，达摩祖师在打坐时睡着了，于是扯下自己的眼皮扔在地上，眼皮落处便长出了茶。一个更早的茶的起源传说来自道教：公元前5世纪，老子出关时函谷关令观音[2]为老子献了一碗茶，并要求他写下《道德经》。

据说，茶传入日本是在814年，在中国学习密宗的日本僧人空海[3]回国时把茶叶带了回去，但日本茶道真正开始是在荣西[4]的时代。荣西将禅法从中国带回日本，同时带回茶种，很可能还带回了一整株茶树。当然，他也把在中国禅寺里所学的茶的做法和习俗一并带到日本。荣西大力推广饮茶并写下短小精悍的著作《吃茶养生记》，使得饮茶在日本更为普及。茶道在15世纪通过禅僧村田珠光得到进一步发展，成为贵族、武士，甚至是平民的一项活动。“禅茶一味”这一理念便是由珠光悟出的。

---

1 菩提达摩，南北朝时期的禅僧，简称达摩或达磨，生于印度，通彻大乘佛法。——译注

2 民间传说观音为函谷关令伊喜所变。——译注

3 空海（774—835），即空海法师，日本真言宗的开山祖。——译注

4 荣西（1141—1215），即荣西禅师，日本临济宗的初祖，曾两度到中国（宋朝）求法。——译注

茶可以驱赶坐禅时悄然而至的睡魔，而茶道则包含了修禅与坐禅所要求的正念、宁静、质朴。或许对于禅与饮茶来说，最重要的是使人认识到每个瞬间都是独一无二的，每个瞬间都该被重视和细细品味。因此，习禅与习茶的轨迹相似，而且往往重合。应该注意的是，除了专业茶人，武家、公家、市民、农民中都有人在这两个领域钻研。

就在禅与饮茶的方法在中国和日本不断进化的过程中，一种经典的文学形式逐渐形成。它可以是禅宗故事里的诗句、短语或片段，也可以仅仅是蕴含某种观念、精神境界或宗教哲理的汉字。在挂于禅寺或茶室壁龛的挂轴上，可能只有一个字，也可能有一整首五十字的诗，但它们都道出了沉思的要点，为饮茶或坐禅创造出合适的氛围。其中最经典的禅语深植于中国、韩国、日本的文化中，好比《钦定版圣经》[1]深植于西方文化。这些禅语处于亚洲人生活的中心，在武道馆、传统日本料理店、普通人家的壁龛以及其他很多地方都能见到它们的身影。

日本人日常生活中常用的禅语有上千句，本书收录和翻译了在日语里被称作“一行物”[2]的百余句。很多一行

---

1 《钦定版圣经》，此版本的圣经是在英国国王詹姆斯一世（1566—1625）的命令下翻译的，所以称为“钦定版”。—— 译注

2 一行物，指仅写有一行禅语的字轴。—— 译注

物都是从较长的篇章里节选出来的片段，但有文化的日本人一读就懂，而且了解其典故，就像西方人一看到“耶和华是我的牧者”就能接上下句。这些隐晦的片段是禅的本质，也是东方文化不可缺少的部分。的确，这就是——

> 禅宗中所说的“奏无弦琴”[1]。其秘诀在于懂得用“空”平衡形式，尤其是懂得何时点到为止。[2]

本书并不想用对“一行物”的解释和分析来难为读者，而是旨在打开读者的思路，让大家自由、轻松地思考挂轴上的文字所表达的情感及思想。尽管如此，因为大多数西方人不熟悉这些内容，也不了解这些禅语所表达的观念，所以我尽可能多地给出这些禅语的出处和上下文。我希望以此对挂轴——千利休[3]所谓茶道中最重要的道具——进行简短的汇编。

---

1 奏无弦琴，出自陶渊明弹无弦琴的典故。《晋书·隐逸传》中说，陶渊明性不解音，而畜素琴一张，弦徽不具，每朋酒之会，则抚而和之，曰：“但识琴中趣，何劳弦上声！”—— 译注

2 沃茨·艾伦:《禅路》，第 179 页。

3 千利休（1522—1591），日本茶道的集大成者。—— 译注

-〇-

我想感谢我的前任编辑巴里·兰切特，感谢他的指点和耐心，以及与我分享他对茶的品位。我想感谢我的现任编辑——香巴拉出版社的贝丝·弗兰克尔和约翰·格莱毕维基，感谢他们的付出与耐心。我想感谢佛罗里达国际大学的久保田雅子、森上博物馆的韦尔基科·杜金，还有我的朋友市川隆，感谢他们提供专业的意见和资料。我想感谢我的朋友汤姆·列维季奥蒂斯、凯特·巴恩斯、吉姆·巴尔内斯、加里·哈斯金斯、杰克·惠斯勒、约翰·西斯科、贾斯廷·纽曼和丹尼尔·梅德韦多夫，感谢他们的支持和不断的鼓励。我想感谢我的妻子埃米莉，感谢她在我写作时给予宝贵意见。我想感谢我的两位教授理查德·麦金农和平贺延，他们的善良、体贴是我从未感受过的。

本书中出现的任何错误都归咎于我本人。

威廉·斯科特·威尔逊

引言

《维摩诘经》是大乘佛经里最著名的经书之一，尤其受到禅宗的推崇。这部经书的主角维摩诘是一名富翁，他患了病，在一间只有一张窄床的小房间里休养。随着故事的展开，八千菩萨、五百声闻、百千天人皆决定造访维摩诘，一探究竟。在维摩诘的房间里，众人都觉得奇迹般地舒适自在，自觉聆听醍醐灌顶的教诲。

进行茶事活动的房间常被喻为“维摩诘之室”。茶室往往只有3平方米大小，可能是家里或餐厅里的一个专门的房间，也可能是庭院中独立的一间。庭院里绿树环绕，不规则的飞石铺出一条通幽小径，或许还有一盏生了苔藓的石灯笼。这条小路，包括整个庭院，叫作“露地”。此“露”虽可作“露水”解，却也意为“表露”，因为行走于这条小路，我们应该展现最质朴和谦卑的一面，以此才能触及这个空间的本质。

我们一旦穿过矮门就会发现，茶室里最引人注意的一点就是几乎空无一物。当然，茶室里会有一个烧炭的地炉——镶嵌在榻榻米里，一个烧水的茶釜[1]置于其上，一个陶制的茶碗，还有极少数其他茶具——盛茶的茶枣、舀茶的茶勺、舀热水的柄勺，还有一个陶制的容器盛有凉水，用于清洗茶碗，等等。水、火、土、木，饮茶的基本元素已备齐。

空荡荡的室内还有一处十分引人注意——壁龛。这是嵌于墙内、向外延伸的一个空间，据说源自13、14世纪佛寺里用于摆放祭品、佛教绘画或鲜花的一种结构。茶室壁龛里的字轴所书乃禅师之语，在微弱的、间接的光线下，为来访者营造好氛围。

茶

> 茶之本质乃俭。
>
> ——陆羽

在一则中国神话里，公元前2737年，一个怡人的午

1 茶釜，茶事中用于烧水的锅。——译注

后，神农[1]在一棵树下歇息。他已发明了刀耕火种，但雄心壮志——他头上的两只角便是证明——促使他不断努力。当时神农正致力于撰写一本医书[2]，其中囊括动植物、矿物等不同种类的药物，多达365种。他面前烧着热水，几片枯叶飘入水中。水变为赏心悦目的琥珀色，敢尝百草的神农喝了一口，发现这略带苦味的饮料令人精力充沛、神清气爽，于是沉思着全部喝了下去。这就是世间的第一杯茶。

神农发明了中医药，并且对茶的药用功效和保健功效十分感兴趣。他多次亲自试药，最后认定茶可以治疗双目无神、头痛和缓解疲劳。不过，人们对茶的尝试并未就此打住。今天，茶简直能包治百病了：老年痴呆、宿醉、伤寒、带状疱疹、动脉硬化、心绞痛、坏血病、牛皮癣、肠炎、胆固醇高、肥胖、便秘、放射病……这不过是其中的几个例子罢了。[3]不过神农的第一感觉——茶能振奋身心——确实让茶流芳千年。

这些树叶来自山茶树，也叫茶树。这是一种常青树，通常高达3～3.5米，[4]叶子呈悦目的深绿色，略带锯齿状；深

---

1 不少人提出神农是一支中国的农耕部落，这支部落开发和生产了茶及其他中草药。领导这些生产活动的部落首领不止一人，但很可能被神化成了同一个形象。

2 即后来的《神农本草经》。

3 完整清单请参考苏伊特·帕斯夸利尼：《茶的时间》，第31页。

4 有报道称，一些山茶树可以长到15～30米，但只是个例。

秋开单瓣白花，带明黄色花蕊。[1]神农走遍大半个中国寻找草药，据推测，让人为之一振的茶是在中国西南部被发现的，大约是现在中国西藏、印度东北部、缅甸北部交界的地方。这一带是山地，多为亚热带气候，常年湿润，气温很少持续低于零度，植物种类十分繁多。最初生活于此的是一些藏族人、缅族人和山地部落民。这些人把这里云雾缭绕的奇山异峰叫作“云南”，即“彩云之南”。这是迄今为止人们发现的最早生长山茶花的地方。

随着茶在世界范围内的流行，现在已有40多个国家或地区栽培山茶树，包括中国大陆和台湾地区、日本、印度、斯里兰卡、越南、泰国、印度尼西亚、肯尼亚、坦桑尼亚、津巴布韦、土耳其、伊朗、阿根廷等。目前，山茶树主要有两个品种：长叶阿萨姆普洱茶、短叶中国中华茶。本书主要讨论的是后者。神农发现的这味饮料可以使人精力充沛、神清气爽，还能活跃思维。《茶经》的作者陆羽认为，茶没什么非凡之处，但他随后说了很重要的一点：

> 茶之否臧，存于口诀。

---

1 《茶经》中说：“其字或从草，或从木，或草木并。其名一曰茶，二曰槚，三曰蔎，四曰茗，五曰荈。”

禅

安然度日，甚至不为经典及教义所动。

——达摩

大约在公元前4世纪中叶，一位男子向着印度北部走在满是尘土的道路上，向世人解释他开悟的经过以及众人如何才能开悟。他就是我们所熟知的释迦牟尼。由于他深刻的个人经历，起初他完全不愿谈起这些，但在一切众生之父——梵天——的要求下，为了拯救世人于苦难，释迦牟尼动了怜悯之心，花了五六十年向众人解释何种生活方式才能走向涅槃。他的教诲基于道德、怜悯和深思，他教导人们要活得简单，抛弃根深于人类思想观念中的复杂揣测。佛陀说，涅槃意味着放下所有牵挂、愤怒、无知，也就放下了所有痛苦，凭借个人的努力和自由心态，去接受直觉感受到的真实。他十分明确地向迦摩罗人解释道：

不要以口头传说、学派观点、他人谣言、经典记载、逻辑推理、常识判断、妄自揣测、说者表相行事，也不要自以为是，“克己乃是我们的导师”。只有在确知某事是善良的、无过错的、受智者歌颂的以及践行后能带来福利和幸福的，才信受奉行。[1]

佛陀一生赢得了众多弟子，然而或许是由于人性的弱点，为了确保秩序和安全，各式社会规范、个人道德、僧规戒律和破戒后的惩罚被建立起来。在佛陀入灭[2]后，摩诃迦叶组织了第一次经典结集，定下僧规227条和尼律311条。佛陀入灭100年后，第二次结集召开，会中大家关于戒律（梵语中叫“vinaya”）的意见不统一，最终导致了分裂。这些分歧直至公元前250年的第三次结集仍没有得到解决，不同的部派发展出不同的戒律，僧团分裂长达百余年。

随着《阿毗达摩》[3]的出现，问题变得更为复杂，僧团的分裂也更为严峻。《阿毗达摩》的内容涉及哲学、形而上学、心理学，佛学者对待这些问题无疑都怀着赤诚之心，希望能够阐明佛陀的语句，指引比丘和比丘尼更好地理解他们的追求。但佛学者的努力最终导致过分依赖文字，并走向

1 菩提比丘：《佛陀的话语》，第90页。

2 入灭，指佛、高僧的死亡。——译注

3 《阿毗达摩》，特指南传上座部佛教的论藏，共有七部论。——译注

与佛陀的告诫背道而驰的心智构念。

-○-

这就是公元67年的印度。就在这一年，远在中国的汉明帝做了一个叫人大为惊奇的梦。他梦见一位无比神圣的金人。早朝时，汉明帝将此事与大臣商议，一位大臣告诉他，几百年前，有一位圣人出生在印度，据说他的身体金光闪耀。汉明帝闻后毫不迟疑地派出一个使团前往印度一探究竟，而这个使团最后带回大量的佛教经书。这是传统的说法。

真实情况没有这么传奇，佛教很可能是商人通过丝绸之路经中亚传入中国的。据记载，公元1世纪中叶，佛教僧侣已经出现在中国都城洛阳、长安。佛教逐渐在中国扎根，佛陀被与老子、黄帝融合在一起，称为“黄老浮屠”。

不过，这种新宗教很快便自成一派了。公元300年，中国北部大约有佛寺百八十间，僧侣三千七百余人。[1]同时，印度商人也将佛教带到中国东南沿海，并在长江以南扎根。

公元311年，虽然中国的中原地区饱受匈奴侵扰，国

---

1 芮沃寿:《中国历史中的佛教》，第41页。

家南北分裂，但佛教仍在“蛮夷”与汉族间昌盛。翻译家和使者不断经由丝绸之路进入中国，虽然由于中文和梵文、巴利文间的巨大差异，中文译文在词语和语气方面都做了不同程度的妥协，但佛经、戒律、《阿毗达摩》等终于不再被束之高阁，而得以为更多普通人接触。然而，和曾经的印度一样，佛教在中国也经历了分裂，出现了不同的部派、戒律、训诂。此外，至5世纪，衍生部派的佛寺和僧侣均数量激增，如果数据属实，那么当时在中国约有佛寺八千座、僧侣十二万六千余人。[1]

印度僧人达摩于公元520年从南海上岸。[2]作为出现在中国的第一位禅僧，他打算彻底改革中国现有的佛教。他摒弃《阿毗达摩》中的隐晦哲理和上百条戒律，说自己“不打算谈戒律、早晚课、苦行”，因为这些都只是权宜之计。针对理论、哲学和智慧，他问道：“教诲有何好？终极智慧不需只言片语。教诲乃字与词，但道终究不可道。”智慧已出局，因其本身就是愚昧。

达摩说，他来中国的原因很简单，就是为了传播大乘佛教的顿悟：

---

1 赤松：《菩提达摩禅法》，第x页。

2 也有人认为是475年、516年或527年。

即心是佛。

他将人心（mind）等同于“性”（fundamental nature）——从老子、孔子时代便有的哲学概念。如果一个人想看清“性”，他写道：“不要诵经或唱佛名，否则你将无所受益……教义与解释只是为了寻找性，如果你已了解本性，为何还要执着于那些呢？”

对于举办宗教仪式和庆典，他认为：“佛在心中，不要迷失了你供奉的方向。”

达摩尽最大努力在佛教内部作整顿。他来到中国时，中国的僧侣已十分依赖他们自己的教义和信条，还有可以保证他们权威的庙宇、藏经阁和经书。达摩告诫他们，供奉这些东西，甚至仅仅是尊崇其他任何“相”（“appearance”或“form”），都是入魔。他说：“如果执迷于相，你就已成魔。”

对于达摩来说，佛教即禅，而禅即是“示”（festing）与“单”（simple）。这正是“安然度日，甚至不为经典及教义所动”，以及看清自己的本性。而这只能由你自己完成。他最后的话让人不禁想起陆羽或佛陀曾对迦摩罗人说过的：

如人饮水，冷暖自知。

茶与禅

我们现在所知的规矩繁复的饮茶仪式，即日本茶道，并不起源于禅寺，而是由中国的世俗贵族的生活中发展起来的。中国国内的基础建设和交通网的完善提高了茶的普及度，所以说茶道也源自人民大众。不过茶道其实深受中国两种本土宗教或哲学流派的影响，它们是道家与儒家。

在道家思想中，每一种生命，无论其形态大小，都拥有同样的意义和重要性。鼠肝可比山脉，饮茶有如治国。早期道家老子、庄子、列子认为，一切现象都源自道，各有其德，无可替代。

> 东郭子问于庄子曰："所谓道，恶乎在？"
>
> 庄子曰："无所不在。"
>
> 东郭子曰："期而后可。"
>
> 庄子曰："在蝼蚁。"
>
> 曰："何其下邪？"
>
> 曰："在稊稗。"
>
> 曰："何其愈下邪？"
>
> 曰："在瓦甓。"
>
> 曰："何其愈甚邪？"

曰："在屎溺。"

东郭子不应。

——《庄子·知北游》

同样的，只要行为者专注、无执、真诚，人的一举一动都是独特而意义深远的。对于道家来说，生命即一场"逍遥游"，每个瞬间都有其价值，值得我们留心。为达此目的，方法有很多，饮茶便是最简单的方式之一。

另一方面，儒家学者继承了商代哲学文化的诸多内容，他们认为天-地-人的平衡并不稳固，三要素互相作用，但只有人才拥有修正万物秩序的力量。儒家认为，这个力量就是"礼"。只要合乎礼数，自然与王朝、王朝与方国、方国与城市、城市与家庭，以及家庭内部所有成员，便都能和谐相处。因此，儒家并不强调约束，而重视"礼"，"礼"确保和谐、自知，最终达到从心所欲。同样重要的是，儒家学者不仅将礼看作本体的外在表现和对世界构造的修正，同时也将其看作追随古代圣贤，走上正名之路的方法。孔子曾说过：

立于礼。

进入唐代（618—907）后，道家与儒家共同演化，形成了中国人日常生活中的礼教。正如前文所说，这种礼教最初兴于朝廷和贵族，随后才渗入社会的其他阶层。在禅寺中，数百甚至数千僧侣将礼教传承并发展成一套广泛的规矩，指导僧人的言行。这套规矩涵盖如何进入禅寺中的各殿堂，吃饭、沐浴的礼仪，甚至包括怎样如厕。

饮茶也不例外。无论是受世俗影响，还是作为一种面向贵族的仪式（很多贵族会资助禅寺），抑或是庆祝国家或地方节日的一种方式，仪式化的饮茶最终发展成为禅寺中最重要的社交活动之一。这是佛教因地制宜、融入中国日常生活的佳例，但禅寺中的礼仪制度直到宋代（960—1279）才于《禅苑清规》[1]中首次被全面、准确地记录下来。

饮茶、艺术与养生

> 艺术于我们即是圆满。[2]
>
> ——空海

1 编于 1103 年。

2 德·巴里:《日本传统的源流》，第 138 页。

没有人能确言茶是何时传入日本的。当然，公元前3世纪，经由朝鲜半岛抵达日本列岛的移民一定受过中国文化的熏陶。而且可以肯定的是，中国文化在随后的几个世纪里对日本产生了越来越深刻的影响。但并无史料可以说明，在日本的国家形态逐渐形成的过程中，生活在这里的人们是否已经知道茶为何物或开始饮茶。可能他们知道茶这种植物，也知道如何饮用，只是不太重视。在一本中国早期的史书中，涉及日本的内容只记载了那里的人生性快乐且好酒。

然而到了公元6世纪，日本人对中国文化产生了极大的兴趣，并想方设法地学习，并将其引入自己的国家。儒家思想、佛教、诗歌、建筑、城市规划……日本从中国学到很多，其中就包括茶。茶常出现于中国诗歌，并为文人墨客创作诗文营造良好的氛围。闲时饮茶能让人走出日常生活，进入出尘脱俗的世界，让人自觉与贵族、僧侣、文人同列。729年，圣武天皇（701—756）在《般若波罗蜜多心经》读经会的第二天召百僧，赐之以茶。此时，茶不仅仅作为饮料存在，而且已形成一套十分接近宗教的文化。

真正将茶传入日本的似乎是僧人空海。804年，他远渡中国学习真言宗。空海天资聪颖，才华出众，是一位宗教理论家、作家、书法家、艺术家、诗人、工程师……显而易见，他十分擅长学习。他在长安学习佛法期间无疑有很多机会接触茶，不管是在深夜苦读时，抑或在庄严仪式上。仅两年后，他便获得正宗嫡传名位，返回日本宣扬佛法。

806年，空海回日本时带去了许多经书、注疏、佛像、曼陀罗和其他法器，当然也带了茶叶，甚至可能是茶种。他向嵯峨天皇（786—842）力荐茶，介绍其种种好处，天皇很快便喜爱上这种饮品。嵯峨天皇在一首致空海的诗中赞扬茶的魅力，并对空海即将返回山寺感到惋惜，他写道：

> 道俗相分经数年，今秋晤语亦良缘。
> 香茶酌罢日云暮，稽首伤离望云烟。[1]

空海宣扬的佛法以及其中的美感对日本文化产生了深远的影响，并影响了9世纪的茶汤以及茶道的产生。

真言宗认为，大日如来，也就是毗卢遮那并不脱离世

1　千宗室：《日本茶道》，第51页。

间万象，而普遍存在于世界万物，且瞬息万变。《大日经》是该部派最重要的经书之一，其中说道："万物本真。"[1]而《大日经》的注疏提示我们："佛不会出现在任何其他地方，只会在你眼前。"[2]因此，虽然我们并无察觉，但大日如来不仅显圣于现象世界中我们可感知的具体事物、情绪、思想中，而且通过它们向我们宣扬佛法和真理。

空海更进一步。他明白艺术既是"相"又是"相"的精炼表达，于是他说，每一次艺术创作都是佛祖显圣的表现。换句话说，艺术与宗教本是一家。空海说，真如胜过相（形式），但没有相，它便不能被察觉。[3]他还说：

> 因此佛经与其注疏的奥秘可用艺术揭示，一切晦涩教诲所说的真理都可在其中展现……[4]*艺术于我们即是圆满*（斜体字是笔者的总结）。

必须补充的是，对空海来说，艺术不限于绘画，还包括雕刻、诗歌、散文、"行为举止"以及文化、宗教活动中

1　山崎泰广：《真言宗：日本密宗佛教》，第109页。

2　同上。

3　羽毛田义人：《空海：主要作品》，第145页。

4　德·巴里：《日本传统的源流》，第138页。

所用的器具。他的想法被日本人直观地、积极地接纳了，并在书法、能乐、茶道，甚至武士道等不同领域发挥作用。打坐与开悟以这些现实物件和形式化的动作为基础，尽管这些物件和动作本身是世俗的，但它们不仅展现了佛陀，而且是恰当的思维方式的载体，是美好现实的体现。所以艺术即宗教，宗教即艺术，艺术形式中一个微妙的手势便成为连接个人与宇宙的情态。

空海所处的平安时代的人们正在学习如何欣赏一碗茶的美，也在学习仪式与其涉及的对象。一碗茶，甚至可以具有超然的宗教意义。如此，空海最经典的

即身成佛

的境界便可通过既平常又艺术、既净心又世俗的活动获得。

-○-

大约在空海旅华400年后，另一位僧人荣西（1141—1215）为了求法，展开了同样艰险的旅途。荣西十分担忧当时日本的佛教状况：各部派间不断发生武装冲突，甚至同一部派内部也时有内讧。僧侣还寻求武士集团或贵族集

团的支持，当时的京都即使称不上混乱，至少也极不安定。荣西觉得佛教变得流于形式，僧侣忽视戒律，只执着于争夺地位与权力。

1168 年，荣西第一次来到中国。他潜心学习密宗教义，并于同年回到日本，希望用自己的新知识唤醒日本佛教。而到了 1187 年，随着中央政府的瓦解，日本出现了更多的部派斗争，荣西明白自己的努力失败了，必须再做一次长途旅行。他希望去中国和印度，虽然最后没去成印度，但在中国停留至 1191 年。当再次回到日本时，荣西已拥有两样武器——禅与茶。这次，他觉得能够拯救自己的国家了。

在中国，荣西发现禅宗是佛教里唯一一种被重视的部派，而且禅宗似乎在宋代文化里发挥着极大的支撑作用。他热心学习该部派的戒律和打坐法，阅读《禅苑清规》。无论是在庙宇的仪式中还是私下的生活里，荣西都饮茶，还钻研茶的药用功效。

荣西回日本时取道镰仓[1]，将禅与茶介绍给当时的新政府。回到京都后，他将带回的茶种分与少数僧侣。获得茶种的僧人中有一位叫作明慧，在真言宗高山寺内种植了日

1　镰仓，日本镰仓时代（1185—1333）的政治经济中心。——译注

本第一片茶园。

荣西坚信，严格遵守戒律与坐禅能够振作日本国民的道德水平和精神状态，而饮茶则能改善健康状况。为此，他写了两部论著，一部是《兴禅护国论》，解释了发展禅宗的好处，另一部是《吃茶养生记》。

《吃茶养生记》字数不多，通篇用汉语文言文写成，非常切合实际地解释了为何饮茶能促进健康。书中融合了儒家哲理和传统中医理论，又带有真言宗的印迹，不过重点强调的是心是人体脏器的重中之重，而茶是心药，为了健康，人人都应饮茶。

荣西的思想受到极大的重视，不过几十年的时间，禅宗发展成日本国内的主要宗教和文化力量，而茶也变得无处不在。虽然他没有写过自己在中国参加的茶道仪式，也可能在回国后没有跟其他僧人提起这些经历，但后人一般认为，正是荣西使茶在日本普及开来的。在此值得附上《吃茶养生记》的一段内容：

> 茶也，养生之仙药也；延龄之妙术也。山谷生之，其地神灵也。人伦采之，其人长命也……
>
> 谓劫初人与天人同，今人渐下渐弱，四大、五藏如朽。然者针灸并伤，汤治亦不应乎……

人保一期，守命以为贤也，其保一期之源，在于养生。其示养生之术，可安五藏。五藏中，心藏为主乎。建立心藏之方，吃茶是妙术也。

厥心藏弱，则五藏皆生病。今吃茶则心藏强无病也。可知心藏有病时，人皮肉之色恶，运命依此减也……

但大国独吃茶，故心藏无病亦长命也。我国多有病瘦人，是不吃茶之所致也。若人心神不快，尔时必可吃茶调心藏除愈万病矣。

心藏快之时，诸藏虽有病，不强痛也。

据说，荣西仅用一碗茶便治好了辅政者北条实时的重感冒。此事在幕府内传开，茶也就此推广开来，成为“国饮”。在其后的几十年乃至几百年间，各种饮茶方法逐渐形成。

禅与茶

荣西圆寂前一年，一位年轻的僧人拜访了他。这位僧人也在寻找修佛的正确途径，并且同样对比叡山[1]和其他僧众集团感到失望。这位僧人就是道元（1200—1253）。1223年，道元追随荣西的脚步，远渡中国。四年后，他带回与荣西的临济宗不同的新派别——曹洞宗，以及一本似乎是他亲手抄写的《禅苑清规》。严格强调戒律、秩序、细则的道元十分依赖《禅苑清规》，他还把这本书的内容融进自己的作品《永平清规》和《正法眼藏》。在道元位于镰仓西北部的寺院里，饮茶是僧人日常生活的一部分。道元是一位十分热忱的信徒，他在寺院里举行的正式的饮茶仪式应该与中国禅寺里的饮茶方法并无大异。

道元的著作和个人经历中很少有迹象表明他有爽朗幽默的一面，[2]他又常被描述为十分“独立和固执”的人。[3]因此，和道元一起饮茶或许是一件十分庄重的事；在其他寺庙亦然。不过，随着时间的流逝，这样的茶事活动渐渐被社会大范围地接受——首先是武士阶层，其后是商人，甚至还有农民。大众争相效仿饮茶仪式中的礼仪做法，其中的庄严肃穆却很快被忽略了。

---

1 比叡山，别称天台山，日本天台宗山门派的总本山。此处指代日本天台宗。——编注

2 他的著作《山水经》中有一处例外。

3 德·巴里：《日本文化的源流》，第232页。

-○-

禅宗与幕府在日本几乎是同时出现的，武士们十分热衷于修禅。虽然研读经书也是修禅的一部分，但武士们并不将咬文嚼字视作通往开悟境界的途径，反而十分依赖刹那的即时性和唯一性，相信打坐时萌发的直觉。禅宗认为，开悟关乎生死，而“生死”这个词与概念是武士十分明了的。与禅一同兴起的还有茶以及庄严又引人入胜的饮茶仪式。

然而武士终究不是僧人。百年之内，这个新崛起的阶层就在品茶活动中加入了赌博和竞赛，并将穷奢极欲的作风带进他们进行茶事活动的场所，将饮茶变成娱乐，而非肃穆的仪式。有记载称武士的茶室内有豹皮铺于椅凳，满室中国和日本的珍品，品茶大赛的胜出者会得到十分昂贵的奖品。加之从 13 世纪起日本全境开始茶叶种植，茶及其社会属性变得唾手可得。从武士到农民，人人都有机会接触茶，只有一小部分极其贫苦的人被称为“水吞百姓”，意为“喝水的人”。

最终，娱乐性的饮茶不仅在武士阶层，而且在佛教僧侣、神道教的神职人员、贵族和新兴的富裕商人间都流行起来。至 15 世纪，斗茶和茶会发展得过于繁盛，以致官方不得不下令禁止，然而效果并不显著。

茶道正是在这种背景下产生的。有趣的是，日本饮茶文化向现代茶道的转变正发生于武士阶层内部——自上而下地实现。将军与其最贵族化的家臣并不是没有审美能力，而且他们十分清醒地认识到自己需要会鉴别、护理和展示中国艺术品的助手，这样才能用自己的藏品让同僚大开眼界。这些精于艺术又有品位的助手在日语里叫作“同朋众”。他们不一定是僧侣，但都剃了头，取名都以“阿弥”结尾，以此暗示与阿弥陀佛的联系。

能阿弥（1397—1471）是将军足利义政的同朋众。足利义政是整个国家的管理者，十分好茶。能阿弥开创了在更小的房间进行茶事活动的先河，他将房间布置为禅寺书院的风格，在其中风雅地摆放义政的艺术藏品。宾客们来到这间屋子后，以略加改进的禅寺礼仪品茶，并尽情欣赏义政的收藏。中国画轴，尤其是佛教主题的，原本多挂于墙上，后来被挂进壁龛（也就是日语所说的“床の間”），再往后则发展出一个壁龛内只挂一幅卷轴，伴以香炉或插花的形式。很快，武家茶人争相效仿这种室内设计，并将这一新模式固定下来。愚昧却十分流行的斗茶由此停止，代之以在壁龛，以及在更狭小的空间内展开的茶器和其他艺术品的较量。人们还在其中加入其他质朴、禁欲的体验，体现了禅寺的一些价值观。

最后，一位相对无名的禅僧迈出了最后一步。村田珠光，出生于古都奈良，他给自己搭了一间小茅屋用于坐禅、饮茶，由此为茶道建立了一套新标准。珠光曾经很苦恼，因为他对待师父态度懒散，坐禅时常常打瞌睡。他把自己的情况告诉了一位大夫，大夫显然对荣西的《吃茶养生记》十分熟悉，为他开了一味药——茶。中国诗歌中多有结庐山野的描写，珠光或许是受此影响。也许，影响他的正是陶渊明的《饮酒（其五）》：

> 结庐在人境，而无车马喧。
> 问君何能尔？心远地自偏。

珠光割了芒草，盖了一间属于自己的小屋（珠光的父亲既是僧人也是木工好手）。在师父一休的建议下，他在小茅屋内的壁龛上挂了一幅字，期待这些字指引自己开悟。当然，珠光也使用了珍贵的中国茶器，但他明白炫耀与依恋，尤其是对此类器物的执念，是修禅路上的障碍，有违禅宗所要求的质朴与平静。对于珠光来说，正确的饮茶法与坐禅无异，不多时日，他便悟出："禅茶一味。"这个观念影响茶道直至今日。从珠光起，禅与茶便由壁龛内的字轴引导展开。茅屋虽小，珠光却不介意。正如我们之前提到的那个故事，佛陀弟子舍利弗被问道："维摩诘小小一室，众菩萨、闻声如何能坐?"而他回答："我们来此是为听法，而非一席之地。"珠光也在简单、朴实的茅草屋里找到了修禅、习茶之所。

是其他人进一步发扬了"禅茶一味"这一观念的美学价值，大书特书禅与茶之非同寻常的也另有其人；但不要忘记，是珠光带领我们进入了这茅屋中的宁静与平和，让我们坐在字轴旁，与祖师为伴。在茶道中，这种状态一直延续至今。

祖师

尊其字，而赏笔者、道人、祖师之德也。

——千利休

珠光于15世纪末在日本建立起的这一套饮茶礼仪，中国早在四五百年前就有了。中国禅僧在寺院里自己的房间中或别处挂上师父或师爷的书法作品。这些作品通常是师父的箴言抑或引自禅宗经典，成为冥想的出发点，为在坐禅或在寺院做杂务的僧人指明方向。

珠光从一休那儿获得的那幅字出自中国禅师圆悟克勤之手，上有数行汉字，因而较宽。这样的字轴上通常写着禅语或中国古文经典的选句，在17世纪前十分流行。而17世纪时出现了只有一行字的字轴（一行物），内容引自禅宗经典，这一形态被认为更直接和恰当。这些一行物更好读也更易懂，其内容很快便从禅宗拓展到人们熟悉的儒家、道家经典，还有中国古诗。[1]正如前面提到的，从单个汉字到整首诗，现在"一行物"一词可以指代任何字轴。它们出现在茶室、餐厅、住宅、道场里，甚至出现在新年时市场贩卖的日历上。实际上，在日本这个文学素养极高的社会里，一行物是不可或缺的精神食粮。

于是，现在我们能坐下来，和释迦牟尼、老子、庄子、孔子、孟子、陶渊明、临济义玄、云门文偃、无门慧开、白居易、苏东坡、寒山、赵州从谂[2]等形形色色的人物一起品茶。而达摩、空海、宗赜、荣西、道元、能阿弥、村田

---

1 并不是所有的一行物都出自禅僧或书法家之手。我见过的一行物中最有趣的要数一幅挂在日本名古屋某精致茶室中的字轴，上面写着《道德经》里的那句"千里之行，始于足下"。这幅字是日本著名美食家、陶艺家北大路鲁山人的作品。不过比起他的禅意，更为大众所知的是他古怪的酒癖。

2 赵州（778—897），法号从谂，祖籍山东临淄，是禅宗史上一位震古烁今的大师。他幼年出家，后得法于南泉普愿禅师。——编注

珠光这些人为我们构建了这场仪式的基础，使得我们在茶室内与他们共享同一空间。坐在我们身边最尊贵的客人，很有可能就是神农。

-○-

最后，茶之集大成者千利休邀我们赞美“赏笔者之德”，并领会藏于墨迹间的真正意味。

书法与禅的联系最早出现在中国宋代，大约成熟于黄庭坚（1045—1105）的时代。黄庭坚虽然是保守的儒士，却热心地拜师修禅，并惊讶地发现在顿悟后，自己的书法发生了转变。他挥笔自由如有神，可以完全地表达内心世界。和珠光一样，黄庭坚十分崇拜陶渊明，并将陶诗喻为“无弦琴上单于调”，[1] 而他自己的作品也出现了如此禅意。

通过黄庭坚和其后几位中国禅师的书法，人们很快便明白了这种艺术本身也可作为修禅的途径。留学中国的日本僧人，包括荣西和道元，不仅为自己的寺院带回书法作品，而且开始实践这种艺术，并最终形成了日本书道。

禅或茶，都要求我们完全投身于当下的瞬间。道元在

---

1 古思里等：《流美书韵》，第 48 页。

他的《知事清规》中提醒我们，当我们在洗衣做饭时不该被其他思绪打扰，不该思虑接下来要做什么，不该担心股票和债券，甚至不该期望得道。我们应该专注于眼前所做之事，就像武士道要求习武之人手脚身心与剑合一：

> 流露无碍。[1]

正如书法，如果笔、墨、纸于手中统一，书写者不再介意规则和技巧，那么笔的律动便是心的律动。那一笔一画见证的不是书写者的技艺，而是其内涵和对所写理解的深度。书写者所选的这一句是否反映了他的领悟？行笔是否表明其心境？在中国和日本有一句老话说的就是这件事：

> 心正即笔正。

或许我们会问自己，我们又有什么领悟或正见的能力呢？

珠光会告诉你，就在你眼前，且看，且吃茶。

1　此句出自20世纪的剑术家、德川将军的后继者德川家达。

第一章　基础

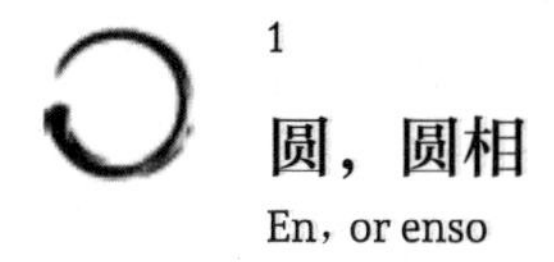

1

圆，圆相

En，or enso

此圆意味佛祖之自由、公正、平等。一圆之内，万物无缺。这是绝对真理或实相的象征，因而也象征智慧。或许比起作为书法，圆相更常见于禅画，据说它显示了绘画者的精神境界。圆相常一笔写就，收笔无限接近于起笔。如此，圆相暗示着世界圆满同时又不圆满（绝对与相对）或圆满的不圆满：我们饮茶所用的略不规整的茶碗即昭示这一禅之味。著于12世纪的公案评唱集《碧岩录》中收录了这样一则有关圆相的轶事：

> 南泉[1]、归宗、麻谷同去礼拜忠国师[2]。至中路，南泉于地上画一圆相云："道得即去。"归宗于圆相中坐……泉云："恁么则不去也。"归宗云："是什么心行？"

---

1 南泉（748—835），即南泉普愿禅师，得度于南岳大慧，三十岁受戒，精通于性相学。参于马祖道一，专心学禅，嗣其法。创禅院于安徽池阳南泉，三十年不下山，学徒云集。——编注

2 忠国师，指南阳惠忠（675—775），为唐代禅师。

如归宗一样，我们或许会疑惑到底发生了何事，但似乎禅者既不在圆相内，也不在圆相外。

一些禅师猜测圆相源于满月，[1] 常将圆相视作佛教中开悟的象征。然而也有人希望能阐释圆相，将它看作对平衡的绝对考验，以及绘画者精神（或神明）的自发性。而其中最出色或最有意思的不仅常出现于茶室和禅寺中，也时常出现在道场。伟大的剑豪和画家宫本武藏说过，舞剑与走笔在本质上是一样的：一剑或一笔，习艺之人的精神便能被确知。这也反映在一句中国格言中：

心正即笔正。

茶道也是如此，舀水、打茶、品茶皆通此理。

虽然圆相经常单独出现，但有时也会伴有文字，如：

食此〇而饮茶。

---

1 这可能是对的，也可能是错的。看禅师仙厓义梵（1751—1837）的画，人们常常很难辨别他画的是月亮还是圆相。但有一次他一下画了两个圆，并兴高采烈得把它们叫作他的“睾丸”。

无 2 Emptiness

这无疑是禅文学和书法中最著名的一个字了。在字源上，“无”与“舞”同源，其甲骨文形态像盛装打扮的一男一女做着舞蹈动作。这是否正象征着“无”即萨满在跳舞时想要达到的精神境界？抑或如民俗语源学解释的那样，它只是代表一片被烧尽的森林？

公元前 4 世纪左右[1]，道家学派的创始人老子说过这样的话：

> 三十辐共一毂，当其无，有车之用。
> 埏埴以为器，当其无，有器之用。
> 凿户牖以为室，当其无，有室之用。
> 故有之以为利，无之以为用。
>
> ——《道德经·第十一章》

通过一个《无门关》中的公案，“无”被广大修禅者和习茶、习武之人所认知。公案如下：

---

1 此处有误。根据老子的生卒年（约公元前 571—约公元前 471），此番表述应出现在公元前 6 世纪或公元前 5 世纪。——编注

赵州和尚因僧问："狗子还有佛性也无？"

州云："无。"

——《无门关·第一则》[1]

这个公案从13世纪起就困扰着众多禅僧和修禅者。无门慧开撰写了《无门关》，使它成为有志修禅之人需要跨过的第一道难关（而无门到了70岁时曾以头撞柱，就是为了参透其中奥义）。这宗公案中最有意思的是，虽然"无"常指的是"没有"，但在这里却意味着佛教徒追求的精神境界——无心。[2] 对于这个公案，无门继续说道：

参禅须透祖师关，妙悟要穷心路绝。祖关不透，心路不绝，尽是依草附木精灵。且道如何是祖师关？只者一个无字，乃宗门一关也！遂目之曰：禅宗无门关。透得过者，非但亲见赵州，便可与历代祖师把手

1 完整的公案出自《赵州禅师语录》，如下文：
问："狗子还有佛性也无？"师云："无。"学云："上至诸佛，下至蚁子，皆有佛性，狗子为什么无？"师云："为伊有业识性在。"后又有僧再问："狗子还有佛性也无？"师曰："为他知故犯。"

2 也有人说这是误解，而认为赵州实际说的是"汪"，意在提醒那个提问者问错了方向。

共行，眉毛厮结，同一眼见，同一耳闻，岂不庆快！莫有要透关底么？将三百六十骨节，八万四千毫窍，通身起个疑团，参个无字，昼夜提撕。莫作虚无会，莫作有无会。如吞了个热铁丸相似，吐又吐不出，荡尽从前恶知恶觉。久久纯熟，自然内外打成一片，如哑子得梦，只许自知。蓦然打发，惊天动地。如夺得关将军大刀入手，逢佛杀佛，逢祖杀祖，于生死岸头得大自在，向六道[1]四生[2]中，游戏三昧。且作么生提撕？尽平生气力，举个无字。若不间断，好似法烛，一点便著。

无门随后颂曰：

狗子佛性，全提正令。才涉有无，丧身失命。

再看这则故事：

武士细川成之（1434—1511）成为赞岐[3]守护后遁入佛门。一日，一位禅僧造访成之，此时已年迈的武士告诉禅

1 六道，指六道轮回，即地狱道、饿鬼道、畜生道、修罗道、人间道、天道。

2 四生，指卵生、胎生、湿生、气生。

3 赞岐，日本旧地名，位于今香川县内。——译注

师，他最近去了一趟熊野[1]，并画了一幅纪伊半岛[2]的风景画。他展开画轴，却是白纸一张。禅僧惊讶于这幅画作的空无，称赞道：

> 毛笔高似须弥山，黑墨广可盖九州。
> 一张白纸空无画，无可吞尽万形相。

茶道中所用的字轴，很多都围绕着“无”这一概念，彼此间又有细微差别。至此，我们可以做更进一步的思考。

无着 3 Nonattachment

“无着”说的是不要执着于世间的情与物，也不要执着于自身的意见、观念、想法。你视为珍宝的成见只会让你眼盲，遮盖住眼前纯粹的真实。要达到真正的无着，你必须抛开心理和精神上的负担，去感受世界原本的模样。下面这则故事发生在一位禅师和一位教授之间，可以帮助我

1 熊野，日本地名，有熊野三社，被视为圣灵之地。——译注

2 纪伊半岛，日本向太平洋突出的最大半岛。——译注

们更好地理解“无着”。

一位颇为自负的大学教授拜访南隐禅师[1]，说想请教禅机，实则在炫耀自己的学识。南隐为客沏茶，茶水满杯而溢，南隐却没有停手。教授惊呼：“不能再倒啦，杯已满。”南隐回答：“施主如此杯，心中满是己见，若不空固有之见，老衲无法说禅。”

这个道理在茶艺与武艺上都适用。《禅茶录》[2]这样写道：

茶之本，不在择茶器之好坏，不在评作法之优劣，仅是执茶器，入三昧，修炼心性而已。而以茶明心，以茶见性，需摒除杂念，专注一心，除此之外别无他法。

同样的，宫本武藏经常告诫弟子，不要执着于某件武器、剑之长短、某种招数。他举了一个例子，某次他在削弓时遭人偷袭，因手头没有武器，便随手拿起正在制作的

1 南隐禅师（1868—1912），日本明治时代的著名禅师。

2 《禅茶录》，根据千利休之孙千宗旦的遗书整理出版的茶道书籍。——译注

木棒与人过招，结果轻松地打败了对手。

4 游 Enjoy yourself

游，字面上指的是“游玩”“享受闲暇时光”或“旅行”。这个词源于道家，它告诉我们，行走于世应自由闲适。《观音经》第25章《法华经》说：

> 游此娑婆世界。

《庄子》对此也有所提及：

> 夫列子御风而行，泠然善也，旬有五日而后反。彼于至福者，未数数然也。此虽免乎行，犹有所恃者也。若夫乘天地之正，而御六气之辩，以游无穷者，彼且恶乎待哉？

即使在饮茶与修禅的规矩和仪式中，我们也应该保持这种心态。其实，规矩和仪式是为了保障我们的自由而存在的。

如此自由闲适的漫步可以让修禅、习茶、习字、习武之人达到“灵魂游走各处而真身不动”的境界[1]。“游”这一概念让我们一改对于游错误而乏味的印象：回想一下，所谓“游人”，是终日饮酒赌博、寻欢作乐的人；“游艺三昧”说的是沉迷饮与赌——游通常和茶与禅有关。

梦 5 Dream

甲骨文中的“梦”表现的是黑暗，或者说夜晚的黑暗、黑暗中的幻觉。在公元前3世纪的哲学著作《荀子》中，“梦”意味着“无识”。

在禅与茶的世界里，“梦”意味着“幻象”或“相对世界和绝对世界的虚幻”。《庄子》如是写道：

> 昔者庄周梦为蝴蝶，栩栩然蝴蝶也，自喻适志与！不知周也。俄然觉，则蘧蘧然周也。不知周之梦为蝴蝶与，蝴蝶之梦为周与？周与蝴蝶，则必有分矣。

1　荒川：《禅画》，第32页。

此之谓物化。

《庄子》中还有一则故事，阐述了幻象与现实的交错，其首句经常出现在茶室的挂轴上：

梦饮酒者，旦而哭泣；梦哭泣者，旦而田猎。方其梦也，不知其梦也。梦之中又占其梦焉，觉而后知其梦也。

“佛陀”一词在梵语里本意为“唤醒”，这也是禅与茶的共同目标。《禅茶录》尤有强调：“如此，备茶很好地反映了禅意，茶成了一种‘道’，指点人们找到根本的自我。”

说到梦，人们常会想起那首作为《金刚经·第三十二章》结尾的诗，在禅寺和茶室里也经常可以见到：

一切有为法，如梦幻泡影，如露亦如雷，应作如是观。

关于这个世界的梦与幻，著名俳人[1]松尾芭蕉[2]也写过不少俳句。以下是最著名的两首：

---

1 日本诗歌中有一种称为“俳句”，写俳句的诗人称为“俳人”。——译注

2 松尾芭蕉（1644—1694），著名俳人。——译注

章鱼壶[1]中梦，无常夏夜月。

兵火连天处，今朝草如茵。

最后不得不提的是禅师泽庵宗彭，他同时是书法家、画家、诗人、园艺家、茶人。他为将军和天皇讲禅，也指点过剑术家柳生宗矩，传说他还是武士兼艺术家宫本武藏的友人和老师。泽庵不恋名利，在弥留之际告诉弟子："将吾全身葬于后山，只用泥土掩埋即可。不必念经，不必办丧，不要僧俗香资。令僧人着其袍，食其饭，度日如常。"泽庵临终前，众僧恳求他留下辞世偈文，他写下了一个"梦"字，便投笔而逝。

6 放 Let it go.

"放"即"放下""放松""放开"。从客观角度看，"放"是松开双手。挂轴上通常只此一字，但我们也经常看见它

1 章鱼壶，为捕捉章鱼而设于海中的陶壶。——译注

出现在一个短句中：

放之自然。[1]

此句选自《信心铭》，该书成于6世纪末，作者是中国禅宗三祖僧璨。如果我们阅读整个段落，就能更好地体会其中含义：

大道体宽，无易无难。小见狐疑[2]，转急转迟。
执之失度，必入邪路[3]。放之自然，体无去住。

放下，法尔如此。放下妄想与成见，则万事回归原本。任何心中执念，诸如“是”或“不是”、“该”或“不该”，都会成为阻碍。若有心执，则茶道僵、武道没、禅修堵。心中无包袱，我们就能看清，主观与客观间的隔阂就会消弭，万物就会回归自然。放下，攥紧的双手无法再握他物，

---

1 放之自然，意思是放下所有事物，它们会按照自然的轨迹发展。

2 狐疑，指做决定时深深的疑虑。狐狸在人们看来十分多疑，它在结冰的湖面上行走时十分小心，试探着迈每一步。

3 “邪路”的“邪”本是中国某河流的名字，也有旁门左道的意思。关于“邪”的用法，最著名的当属孔子评价《诗经》——“思无邪”。

已满的茶杯无处再添新茶。

泽庵禅师和他的学生兼朋友柳生宗矩都说过类似的话。在《不动智神妙录》中，泽庵这样写道：

> 吾心譬如为绳所缚之猫，欲捕雀而不得。若善调教之而去诸缚，令其往其心所向，则与雀同处亦不捕，乃应无所住而生其心尔。吾心亦复如是，心无所住，自由无碍。以剑而论，挥剑之手，非心所在。

在《兵法家传书》中，柳生宗矩这样写道：

> 中峰明本[1]禅师曾说过要“收放心”，此话实有深浅双层含义。
>
> 其一：放心，须习收心，不令心留于所向。舞剑亦同，心不在剑而在本身。
>
> 其二：放心，任其游而不止。收放心，若反复放收，则不自由。有所向而不滞，游走不止，是真自由。

1 中峰明本（1263—1323），中国元朝时期的僧人。——译注

默 7 Silence

默，是口头的，亦是精神的。精神上的绝对世界剔除了执与惑，无己见。

公元前 6 世纪的某天，释迦牟尼给众僧尼讲经，听众中还有菩萨、紧那罗和其他飞禽走兽。然而释迦牟尼并不开口，他沉默着在听经者面前拿起一朵花，众人并不理解，只有一位名叫摩诃迦叶的信徒默默微笑。这就是“拈花微笑”的故事，以心传心即是禅的开始。

不久后，一位老人开始着笔他的著作。他被认为是道家之父、禅的始祖，他在其著作《道德经》中写下了如是警世名言：

道可道，非常道。
名可名，非常名。
无名，天地之始。
有名，万物之母。

再回到禅的世界，《维摩诘经》第八章中，众菩萨在维摩诘的房间里见到了空。掌管智慧的文殊菩萨对维摩诘说：“我们已经告诉你了我们的理论（不二论），现在你能说说如何入不二法门吗?”维摩诘只是沉默。文殊菩萨赞叹道:“妙哉妙哉!无句无词，无字无心动，这的确会将菩萨带入不二法门，无句无词，无字无心动。”维摩诘的沉默后来被形容为:

一默如雷。

意思很明确，也就是说，追求真理时，人不可依赖文字。任何人为的构造都是狭隘的，容易遗失重点。禅师常说“开口成错”，并且坚持认为人要看见真实必须先知冷暖——要伸手入火坑、入冰水。[1]茶道与武道的精髓也在于此。甲骨文中的“默”很有意思，像一只无声撕咬的狗，就好像吠叫会影响撕咬一样。

孔子说过“默而识之”[2],《易经》《中庸》也提到过这点，不过这些说得都不如道家和禅宗确切。天道如茶道，

自然者，
默之成之，
平之宁之，

1 不过，禅师让我们必须集中精力。《禅林句集》中有一句:不可以语言造，不可以寂然通。

2 矛盾的是,《论语》的最后一句说的却是“不知言，无以知人”。

将之迎之。

——《列子》

如

8

Like，thus，such as

从语源上来说，这个汉字表达的是“一个女人做别人告诉她要做的事”。不过考虑到在中国和日本的早期社会里萨满多为女性，这个汉字很有可能意为“按女人说的做”。

而在佛教中，“如”意味着实相，是万物的本来面目，而非我们所期望的样子，它暗示我们要接受实相。中国早期的一位禅僧被问到如何证明自己已开悟，禅师仅作答：“女尼本是俗家女。”而这也是以下这首诗的主旨：

春色无高下，
花枝自短长。

如意

9

As you wish.

“如意”意为“如所想”“如所愿”，是开悟之人的境界：

万事万物都与其想法相合，也就是说，开悟之人从不想着背离实相。开悟之人“想要”花红草绿。因此，在讨论闲寂这一朴素静寂的概念时，《禅茶录》这样写道：

> 所谓闲寂，不满意、不如意、不得志时却不觉者也。若叹不满意、不如意、不得志，则无闲寂之心，而为贫人也。

茶室里或许并非事事完美，但不完美即完美。

与此相关的还有“如意球”（梵语为“cintamani”），有求必应的地藏菩萨常持此神球。它象征着愿万物为本的开悟之境。

如意本是文殊菩萨的一把短剑，可以斩断无知，让人的愿望顺应实相。

然 10 Completely so.

“然”意味着一种做事的状态，毫无保留地全然投入。换句话说，以“然”行事时，行为者的每一个动作都包含了他的全身心。不管是倒茶还是坐禅抑或是习武，皆是如此。最初，“然”这个字的意思是“烧”或“烧着”。而作为词尾助词，“然”组成了日本艺术领域很多重要的概念，比如“寂然”，意味着心灵和精神“平和与安静”。

在能剧中，“然”是塑造人、鬼、神形象时不可或缺的气质。演员的目标并不是表现现实。“能剧之父”世阿弥说过：“无论演什么角色，都必须先成为它。”你需要明白这个角色真正想要什么，而为达此目标，就需要“然”的气质。

在聆听神道教的神职人员念祝词时，我们可以即刻感受到“然”。他们说的很多话都是难以理解的，但我们可以感受到他们本人几乎与他们所说合二为一。如果祝词损耗了神职人员，那神就必须回应其请求。

在所有包含“然”的词语中，最有意思的或许是“自然”。在禅宗和道家文化中，我们经常把“然”翻译成“of-itself so”。作家斯蒂芬·米切尔将其定义为“自我牺牲”（self-immolating）——就是我们之前提到的事物完全地回归自我，除了自我再无其他。如此，“自然”一词就将东方宗教和犹太教、基督教、伊斯兰教等西方宗教区别开来。在东方宗教中，世界是自我繁衍的；而在西方宗教中，世界是由外力（神）创造的。“自然”始终围绕着“然”。道家学说中常出现这一概念，读几个例子便能略知其一二：

为者败之，执者失之。

是以圣人无为，故无败；无执，故无失。

以辅万物之自然，而不敢为。

——《道德经·第六十四章》

道生之，德畜之，物形之，势成之。

是以万物莫不尊道而贵德。

道之尊，德之贵，夫莫之命而常自然。

——《道德经·第五十一章》

古之人，在混芒之中，与一世而得澹漠焉。当是时也，阴阳和静，鬼神不扰，四时得节，万物不伤，群生不夭，人虽有知，无所用之，此之谓至一。当是时也，莫之为而常自然。

——《庄子·缮性》

无名人曰："汝游心于淡，合气于漠，顺物自然而无容私焉，而天下治矣。"

——《庄子·应帝王》

一期一会

11

Each meeting a once-in-a-life event.

我将此句归入“基础篇”，是因为它不仅是茶道所崇尚的理念，而且是禅宗与武道提倡的人生态度。

“一期”指的是人的一生，从生到死是一个无法重复的过程；“一会”指的是相遇或聚会。世事无常，无论遇见何人，终有分别的一天。任何相遇都是独一无二的，不会再以相同方式出现。因此，无论是茶室中的相聚，还是大街上的偶遇，无论遇见的是比武时的对手，还是静思时的倩影，你都必须全身心地投入当下的相遇。这种态度可以延伸到各个方面：对待任何事物都应抱着一种它不会再次出现的心情。快乐和悲伤皆应是圆满的，我们应悉心体会，但不带偏执。松原泰道[1]法师这样写道：

> “一期一会”不仅仅是与他人交往的原则，而且是对待每一件事物应有的小心谨慎的姿态。如果你真正理解并接受了“一期一会”，那么在言谈举止间、思考问题时，你都会更负责、更慎重，你也会因此成为一

1 松原泰道（1907—2009），日本临济宗僧人。——译注

个更有深度的人。

——《禅之书》

下面这则故事常用来说明这个至关重要的理念：

道元和尚在天台山习禅，一日遇见了一位上了年纪的典座（寺院里掌管饮食的僧人）。正值盛夏，烈日当空，酷暑难耐。典座正在晒香菇，看起来十分卖力。道元说："这可真是件苦差，为什么不找个年轻人做呢？"典座回答道："如果让别人做，我就不能亲自做了。""话虽如此，但现在太热了，为何不找一个更舒适的日子干活呢？""何时才是更舒适的日子呢？回答我。还会有其他瞬间与此刻相同吗？"道元无言以对，而典座继续工作，默默挥汗如雨。

第二章　无心

无心 12

No-Mind

此语的意思接近打开心胸、不去判断、不怀成见、没有依恋、心如明镜。但矛盾的是，我们不能以这些词语中的任何一个去解释它，尽管它们都表现出“无心”。根据禅师们的理解，“无心”理解世界的途径十分直观、不带任何意图。泽庵禅师在写给剑术大师柳生宗矩的信中将“无心”定义为“心不停留于一处……而游走于身，贯穿自我”。

有趣的是，“无心”在中国古典文学中常被理解为“自然”，而在日语口语中却是“天真无邪”的意思。二者虽有出入，却不离根本。

最能解释“无心”的词句或许出自禅之始祖——道家。以下便是一例：

> 关尹喜曰：“在己无居，形物其箸。其动若水，其静若镜，其应若响。故其道若物者也。物自违道，道不违物。善若道者，亦不用耳，亦不用目，亦不用力，亦不用心。欲若道而用视听形智以求之，弗当矣。瞻之在前，忽焉在后；用之弥满六虚，废之莫知其所。亦非有心者所能得远，亦非无心者所能得近。唯默而

得之而性成之者得之。知而亡情，能而不为，真知真能也。发无知，何能情？发不能，何能为？”

——《列子》

虽然列子将“无心”看作“无智”，但其传递的信息很明确：“道”，无法通过智力操练获得，也无法用感觉捕获。若心胸开阔，思维流动，不刻意作为，“道”则自来。

《刘子新论》又为我们提供了补充说明：

鱼不畏网而畏鹈，
复雠者不怨镆铘，而怨其人；
网无心而鸟有情，
剑无情而人有心也。

《庄子》论道，如此形容熟睡的啮缺[1]：

形若槁骸，心若死灰，真其实知，不以故自持。媒媒晦晦，无心而不可与谋。彼何人哉？

---

1 啮缺，传说中的上古贤人。——译注

刘琨也写过这样的诗句：

天地无心，万物同涂。

廓然无圣

13

A vast emptiness and nothing holy

梁武帝问达摩大师："如何是圣谛第一义？"

摩云："廓然无圣。"

帝曰："对朕者谁？"

摩云："不识！"

帝不契（悟）。达摩遂渡江至魏。

帝后举问志公和尚，志公云："陛下还识此人否？"

帝云："不识。"

志公云："此是观音大士[1]，传佛心印。"

帝悔，遂遣使去请。志公云："莫道陛下发使去取，阖国人去，他亦不回！"

——《碧岩录·第一则》

1 观音大士：大慈大悲观世音菩萨。

达摩对武帝作的回答，是对禅之本质的解释。达摩的回答或许反映了他长达五年的航海经历。达摩从印度出发，一路上都见广阔无云的天，那是一片虚与实的世界。“无圣”一词提醒我们，禅里没有什么可以论证的理，也没有天使的歌声，没有圣人可拜，没有精神上的狂喜。禅即我们的日常生活——系鞋带、拉弓射箭、饮茶。回想一下，“禅”这个字可以拆成两个更简单的汉字：“示”与“单”。

达摩感到在宫殿里传法无望，便乘着一根芦苇渡过长江，在少林寺安身，教僧人功夫。

不思善，不思恶

14

Do not think ‘good’,

do not think ‘evil’.

六祖因明上座趁至大庾岭，祖见明至，即掷衣钵[1]于石上云：“此衣表信，可力争耶？任君将去！”

---

1 衣钵，获得师父真传的象征。五祖（弘忍，唐代高僧，东山法门开创者）将衣钵传给六祖慧能，而明上座觉得六祖应将衣钵传给自己。

明遂举之，如山不动，踟蹰悚栗曰：“我来求法，非为衣也。愿行者开示！”

祖云：“不思善，不思恶，正与么时，那个是明上座本来面目[1]？”

明当下大悟，遍体汗流，泣泪作礼问曰：“上来密语密意外，还更有意旨否？”

祖曰：“我今为汝说者即非密也。汝若返照自己面目，密却在汝边。”

明云：“某甲虽在黄梅[2]随众，实未省自己面目。今蒙指授入处，如人饮水，冷暖自知，今行者即是某甲师也。”

祖云：“汝若如是，则吾与汝同师黄梅。善自护持！”

——《无门关·第二十三则》

善恶虚实，以及茶具之好坏——一旦陷入二元论的思维方式，看清完整的现实便已无望。

《信心铭》中如是写道：

---

1 本来面目，通常解释为“在父母出生前的你的面目”，禅宗中常用来比喻一个人的天性、佛性。

2 黄梅，五祖弘忍的道场所在地。

不用求真，惟须息见。二见不住，慎莫追寻。才有是非，纷然失心。

二[1]由一有，一亦莫守。一心不生，万法无咎。无咎无法，不生不心。

《禅茶录》中，作者在论述“真善”时，引用了《道德经》的以下文字：

天下皆知美之为美，斯恶已。

皆知善之为善，斯不善已。

如云无心，似水无想

15 No-Mind like the clouds; No-Thought like the water

“云”与“水”，“水”与“云”，是道家作品中常见的

---

1 二，二元论。

两组符号，随后由禅文学继承。云看似来去自由，而水不顾艰阻，湍流不息。两者都代表了毫不停滞的自由、透明、清爽以及如空般的纯净。

在日本，周游四方苦行的禅僧被称为“云水”。如云似水，他们带的行李很少，除了钵和针线，轻装上路。他们不在借宿处久留，不在同一个地方停留哪怕两晚。放下我执，是云游的第一条规矩，正如俳人芭蕉所吟：

一宿成眠莫再念，应思草席还未暖。

在《宋史》中，我们可以看到这样一句：

作文如行云流水，初无定质。

中国古诗中从不缺乏这些自然元素。杜荀鹤有诗云：

枿坐云游出世尘。

丰干[1]也写过：

1 丰干（生卒年不详），中国唐代禅僧、诗人，与寒山、拾得关系密切。

一身如云水，悠悠任去来。

老子在《道德经》中说：

上善若水。水善利万物而不争，处众人之所恶，故几于道。

庄子也以独一无二的方法解释了如何行为自然，而无论是在禅室还是茶室，道场或是其他任何地方：

孔子观于吕梁，县水三十仞，流沫四十里，鼋鼍鱼鳖之所不能游也。见一丈夫游之，以为有苦而欲死也，使弟子并流而拯之。数百步而出，被发行歌而游于塘下。

孔子从而问焉，曰："吾以子为鬼，察子则人也。请问蹈水有道乎？"

曰："亡，吾无道。吾始乎故，长乎性，成乎命。与齐俱入，与汨偕出，从水之道而不为私焉，此吾所以蹈之也。"

孔子曰："何谓始乎故，长乎性，成乎命也？"

曰："吾生于陵而安于陵，故也；长于水而安于水，性也；不知吾所以然而然，命也。”

庄子还用云将[1]的故事描绘了云的自然状态：

浮游，不知所求；猖狂，不知所往。游者鞅掌，以观无妄。朕又何知！

因此，在茶室、禅室、道场里，我们都应该像云和水一样，自由自在，放下自我意识。当自我意识浮现，“无心”成了刻意追求的结果，那么行为和行为者的本意就会差得越来越远。

入佛易入魔，佛场通魔场。

无心归大道

16

Having No-Mind,

you return to the Great Way.

处理事务时头脑清醒、无欲无求，这种精神状态就是

1 云将，云的统帅。——译注

“开悟”，这时你的“道”便不会偏离“大道”。一些肤浅的茶人只看重茶室的规格和茶具的优劣，对此，寂庵宗泽在《禅茶录》中写道：

> 禅茶之器非美器、非珍器、非宝器、非古器。圆虚清净，始为器。禅机茶，持一心清净以为器。
>
> 一心之器非人可造。天地自然之器，通阴阳晖月森罗万象百界千如之理。如朗月照佛心，虚灵不昧。

“无心归大道”的关键在于第三个字“归”。“归”原本的意义更倾向于“随”，而非“还”，而此“随”又非随某种路径或跟随师傅。从语义上来说，“归”这个汉字最初与婚姻有关，指的是新娘愿意跟随夫君回家。从这个角度来理解，“归”暗示的是进入一种联合的状态，而“无心归大道”则让人想到更深层次的精神回归。

一味真

17

The one taste of Truth

人各有本性，而茶味相同。这“一味”是不问异同的真理，是佛祖所传佛法，是绝对，是所谓：

唯一无二。

《法华经》中说：

如彼大云，雨于一切卉木、丛林及诸药草，如其种性，具足蒙润，各得生长。如来说法一相一味。

“一相一味”指的是宇宙万象与佛祖教诲。大地象征前者，滋润万物的雨水象征后者。

《法华经》中还有一句，经常出现在一行物中：

一味雨。

雨落万物，平等无偏，它将生命力赋予每一个有觉或无觉的存在。同样，佛法之一味真无所不在，指引所有人走向开悟。

第三章　终日乾乾

终日乾乾

18

Creatively active the entire day.

若无乾乾，世界不存。乾卦是《易经》中的第一个卦，《易经》里这样写道："君子终日乾乾，夕惕若厉，无咎。"

《十翼》[1]解释道：

> 何谓也？子曰："君子进德[2]修业。忠信，所以进德也；修辞立其诚，所以居业也。知至至之，可与几也。知终终之，可与存义也。是故居上位而不骄，在下位而不忧。故乾乾因其时而惕，虽危无咎矣。"

同样的道理在《论语》中也有阐释，读起来还有些幽默：

> 宰予昼寝。子曰："朽木不可雕也，粪土之墙不可

1 《十翼》，又称《易传》，是注释《易经》的经典之作。——译注

2 德，一个人的内在品德或真正强大之处，并不完全指"好"。

朽也，于予与何诛？”

若无乾乾，世界不存；树不生枝，花不绽放，甚至石难为石。

忍是安乐之道

19

Endurance is the Way to comfort.

“忍”是这个句子的重点，意为“忍耐”或“容忍”。日语里，“忍”也可作“隐匿”解，如“忍者”指练习隐匿之术的人。

司空图有名句曰：“忍事敌灾星。”而论语中有一句更常用的：“是可忍也，孰不可忍也。”对于较有文化的日本人来说，还有一句耳熟能详：“忍之一字，众妙之门。”该句出自中国宋代吕本中。

17世纪，日本江户时代前期，儒学家、教育思想家贝原益轩在著作中将“忍”与快乐、健康联系起来：

古语云："忍乃身之宝也。"不忍有祸，忍则无灾。所谓不得不忍。忍怒，忍欲。养生之道，忍怒、欲也。应守此一字：忍。

武王有云："忍之须臾，乃全汝身。"《尚书》云："必有忍，其乃有济。"古语又云："莫大之祸，起于须臾之不忍。"

此忍一字，养身养德之道也。

——《养生训》

以下这首诗出自筑造了江户城的战国时代著名武将太田道灌（1432—1486）之手：

野路阵雨过自晴，旅人欲急则湿衣。

安其身而后动

20

[First] make your position stable, then move.

此句也出自《十翼》。

这句话的有趣之处就在于，“身”既有“身份”的意思又指“身体”，而“安”既是“安置”又是“安逸”。“安身”一词不仅适用于君子，也是习茶、习武之人的理想状态。

开创了日本江户时代的武将德川家康如是说：

> 水仅及膝，挽裳至股而渡，似过于慎，然无湿衣之患。

太阿宝剑 本是生铁

21

The jeweled sword of Taia was originally [just] raw iron.

《太阿记》收录了一封泽庵禅师写给武士道大师的信：

> 行住坐卧，语里默里，茶里饭里，功夫不息，急着眼穷去穷来，须直见。月积年久而如，自然暗里得灯相似。得无师智发妙作用。正此时，只不出寻常之中，而超乎寻常之外，名之曰“太阿”。

此太阿剑人人具足，个个圆成。明之者，天魔[1]怕之，昧之者，外道欺之……

此心境之别。

“太阿”是中国史书上记载的一柄锋利无比的宝剑，但在泽庵的信中却有不同的立意。太阿，其意为“无产、短暂、无形”。我们每个人都有能力斩断自己的贪欲、仇恨、无知，但只有通过修行，我们才能从一块生铁变为一柄利剑。

以下这句也常见于一行物：

本立而道生。

这是一切艺术的根本，也包括生活的艺术。儒家思想对禅有极大影响，这句话在儒家思想里指的是，只有守孝道，才能重现先人的大道；禅宗里说的是，一个人全神贯注便能看到大道；茶道和武道中说，一个人只有学好基本、摆正态度，才能日进其艺。

这句话最早出自《论语》：

1 天魔，代表人类情欲的恶魔，常使我们分心。

有子[1]曰：“其为人也孝悌，而好犯上者，鲜矣；不好犯上，而好作乱者，未之有也。君子务本，本立而道生。孝悌也者，其为仁之本与！”

无佛处作佛

22

Where there is

a Buddha,

the Buddha is made.

此句出自《碧岩录》的一则公案，有两种解释，禅宗中指的就是字面的意思：“在没有佛的地方有一尊佛”。道家说法也是如此。《道德经》中说：

> 道可道，非常道。
> 名可名，非常名。
> 无名，天地之始。
> 有名，万物之母。

若不摒弃文字、观念，便无法接近真相，因为真相隐

---

1 有子，孔子的一个弟子。

匿于复杂的解释之后。这又让人联想起一句禅语：

> 见佛杀佛，见祖杀祖。

抛开你的想法和理想才有可能生佛。

第二种解释与第一种恰恰相反，更多地关于努力和毅力："在没有佛的地方，造一尊佛。"通过汗水和坚持，展现出自己本来的佛性。

无论哪种解释，都通用于茶道、书道、武道等艺术。

不断行

23

Keep going.

Don't stop.

从植物到有觉之物，再到神明，所有生物都必须努力向前。坐禅并不舒适，我们的思维有如顽猴，游荡在冥想的大厅，但我们不断前行；我们学习并练习茶道中所有的规则，有时会不小心将热水洒在榻榻米上，但会再次尝试；我们在道场里不断地揣摩五步拳法，身体里突然涌起一股傻子似的蛮劲，不小心重重击中师傅。不过（在师傅面无表情的鼓励下），我们坚持着。

不断：无止境的，不停止的，坚持，永不言败，镇定自若；行：走，练习——从语义上来说，指的是在交叉路口做决定并前行。与“不断行”有关的是如下的一句。

泥多佛大，
水涨船高

24

Much mud will

make a large Buddha;

with much water,

your boat will ride high.

泥和水都象征磨难。

泥或陶土越多，能做的佛像就越大；如果水位涨了，浮于水面的船自然会高起来。因此，困惑和绝望越多（如果你坚持刻苦努力），你觉悟得越深，你的技艺也会越精湛。

在一些佛教传说中，释迦牟尼佛经历了无数转世，冥想了千年，才得以开悟。更接近我们一些的菩提达摩也在墙前坐了九年。就算在健身房中，教练的口头禅也是“没有汗水就没有收获”。

日本最有名的画家之一狩野探幽（1602—1674）曾被

任命为将军的御用画师。他受京都妙心寺住持之托，为妙心寺禅房的顶棚绘一幅龙。探幽向住持夸下海口说这是一桩小事，因为他一辈子画过无数的龙。在他们饮茶闲谈时，住持说：“老衲想要一幅真正的龙，不知施主是否见过真物？”探幽坦言未曾见过，而令他震惊的是，住持说寺内就有不少。“请随老衲来打坐吧，”住持招呼他说，“稍后便可见龙。”

探幽同意了。他撇开繁忙的日程，每日到寺里打坐。终于，在三年后的某天，他从垫子上一跃而起，奔向住持。“我看见了！我看见了真正的龙！”他呼喊道。而住持仅是看了他一眼，问：“它说了什么？”

探幽静静地回到自己的坐垫上，继续集中精力。又过了三年，他画下一幅龙，成为远东最著名的画作之一。

泷 25 Waterfall

这个汉字由三点水和“龙”字组成，同时包含了流动和能量，这在禅、茶、武等艺术中是不可缺少的准则。在艺术中，“泷”让人联想到鱼跃龙门图，象征着勤勉和努力；在佛教的意象中，它象征奔流不息的不动明王[1]，常与瀑布联系在一起。日本的修行者会在瀑布下坐禅以此来磨炼他们的精神——即使是在冬季。

源俊赖有和歌云：

一邀白龙潜地游，
石阻回澜浪更高。

静中有动，动中有静。精神能量的流动并不与平稳、克制冲突。

1 不动明王自言："三尺瀑布即吾现身。"不必说，四尺、五尺、十尺瀑布都是不动明王的象征。所有瀑布都是佛三位一体的表现：主石左右各有一石，大概象征佛祖护法。出自橘俊纲所著《作庭记》第172页。

第四章　日日是好日

平常心是道

26

Your everyday mind,

that is the Way.

赵州问南泉："如何是道？"

泉云："平常心是。"

州云："还可趣向否？"

泉云："拟[1]向即乖。"

州云："不拟争知是道？"

泉云："道不属知不知。知是妄觉，不知是无记。若真达不疑之道，犹如太虚，廓然洞豁，岂可强是非也！"

州于言下，顿悟玄旨，心如朗月。

颂曰：

春有百花秋有月，夏有凉风冬有雪。

---

1 拟，即"比"。

若无闲事挂心头，便是人间好时节。

——《无门关·第十九则》

宫本武藏告诉徒弟：

求剑道，着衣裳、舞木剑、挥汗道场为习，起身、睡觉、吃饭，皆为习。

在《南方录》中，作者南坊宗启[1]这样写道：

茶道不过加水、添碳、煮水、点茶。佛心如此，人亦释然。

《禅茶录》如是说：

拿放茶器之间，可观人之本性，此与坐禅同理。坐禅工夫，不止静默……来坐立等皆为坐禅要法。茶事如是，行住坐卧，修行不可懈怠也。

---

1 南坊宗启（生卒年不详），日本茶人，千利休的高徒。——译注

日日是好日

27

Every day is a good day.

云门[1]垂语云："十五日[2]已前不问汝，十五日已后道将一句来！"

自代云："日日是好日！"

——《碧岩录·第六则》

这是禅宗中非常著名的一句话。人的一生中，没有什么"好日子"或"坏日子"，没有什么"好时刻"或"坏时刻"。"好""坏"的判断仅在于我们的内心，内心若正，则没什么"好""坏"之分。晴是晴，雨是雨，风是风，都是完美的。每一天都是一个祝福，是一个开悟的机会，是对自己的磨炼。

这句话也告诉我们要警惕对于无执的执着。在愉快的日

1 云门，即前文（见第33页）所称云门文偃（864—949），历史上最伟大也最怪的禅师之一。他不讲复杂的理论，总是让人们回到平凡的日常生活中。有人问云门："什么是佛？"云门那流传百世的回答是："干屎橛。"

2 十五日，指第十五日，可能指七月十五日，在夏安居——三个月的冥想与坐禅修学——的最后一天。夏安居在夏日的雨季进行，因为此时不便外出。

子里，我们应该开怀畅笑；在阴郁的日子里，我们应接受痛苦并努力越过挫折。日日是好日，我们不应祈祷更多。

直心是道场

28

The straightforward mind,

this is the dojo.

一颗坦率、透明、正直的心能够接纳一切事物本来的样子，无需特别寻找某处去训练这样的心性。

人们常认为，磨炼精神意志的场所应是鲜有人烟的僻静之处，但如果你的心深受偏见、幻象折磨，那么你的道场[1]将无处可寻。道场并不是地点的问题。

《维摩诘经》中说，一个年轻的菩萨打算离开吵闹的毗舍离[2]，搬去一个适合修行的地方。他在路上正巧遇上维摩诘，便问道："你从哪里来？"维摩诘回答道："道场。"菩萨十分惊讶，因为他发现维摩诘竟然在闹市中修行，于是问："道场？道场在何处？"维摩诘答道："直心是道场。"随后又补充道："当知直心是菩萨净土。"

---

1 道场，即字面意思，践行"道"的场所。

2 毗舍离，古印度地名，佛陀弘扬佛法的主要地点之一。——译注

《后汉书》中也有与此相关的句子：

直心无讳，诚三代[1]之道。

从语源角度解释“直”这一关键字，或许能为我们理解这个句子提供一点帮助。甲骨文中的“直”，构成它的一部分描绘的是一种装饰，也可能是文在眉毛上的护身符、巫咒，它们帮助人们判断什么是不直的或不对的；另一部分展现的是围栏或屏障。因此，“直”是严格分辨对与错的界限。这样一来，“直心”可以矫正我们内心的扭曲，让我们看清，骄傲和自欺正是我们的阻隔。

寒来重衣，热来弄扇

29

When it gets cold,

put on more clothes;

when it gets hot,

ply your fan.

子曰：“天下何思何虑？天下同归而殊途，一致而

1 三代，指夏朝（公元前2100—公元前1700）、商朝（公元前1700—公元前1050）和周朝（公元前1050—公元前221）。（编者按：关于夏、商、周的起讫年代，学界有不同说法，此为作者所注。）

百虑。天下何思何虑？日往则月来，月往则日来，日月相推而明生焉。寒往则暑来，暑往则寒来，寒暑相推而岁成焉。往者屈也，来者信也，屈信相感而利生焉。尺蠖之屈，以求信也；龙蛇之蛰，以存身也。精义入神，以致用也；利用安身，以崇德也。过此以往，未之或知也；穷神知化，德之盛也。”

——《十翼》

虽然此文说的是孔子，比禅宗传入中国要早一千多年，但所表达的思想却是共通的，说的就是开悟之人的简单之处。

忘筌

30 Forgetting the weir

筌者，所以在鱼，得鱼而忘筌；蹄者，所以在兔，得兔而忘蹄；言者，所以在意，得意而忘言。吾安得夫忘言之人，而与之言哉！

——《庄子·外物》

说禅时有一种比喻，讲的是一个男人乘竹筏过河，上岸后仍背着竹筏前行。竹筏是用来过河的，我们不可让它成为前进的阻力。

换句话说，任何艺术的规则和工具都不是我们追求的目标，因为艺术是无法由它们定义的。当我们追求某物的本质时，对物质或工具的依恋只会成为阻碍。在《禅茶录》中有这样一段话：

> 禅茶之中，种种名目甚少，无掩人耳目之秘事。若追求表面名目，心思用于搜寻秘传书物，则难达禅茶真意。

诸恶莫作，众善奉行

31

Do not do

anything evil;

do all that is good.

这是简短版的一行物，出自佛经，其完整版是：

> 诸恶莫作，众善奉行，自净其意，是诸佛教。

唐元和年间[1]，诗人白居易任杭州刺史。一日白居易游于山林，拜访了道林禅师。白居易说："禅师居于树上，十分危险。"[2]

禅师答道："刺史更险。"

白居易说："我在朝廷为官，位镇江山，何险之有？"

禅师说："薪火不停，识性交攻，安得不危？"

白居易又问："如何禅解？"

禅师答："诸恶莫作，众善奉行，自净其意，是诸佛教！"

白居易说："三岁小儿亦知。"

禅师说："三岁孩儿虽道得，八十老翁却行不得。"

白居易敬而行礼。

——《道林语录》

这个故事在禅人、茶人之间十分有名。下面这则出自《南方录》：

或问炉与风炉、冬夏茶汤之心得秘传于利休，利

1 唐元和年间，即806—820年。但史书记载，白居易于822年被任命为杭州刺史。——编注

2 道林住在一棵古松上。

休道：“冬暖，夏凉，碳沸水，茶如衣，恰到好处。此乃秘事也。”问者不满：“人尽皆知。”利休又道：“且将吾言记心头，办茶会，吾为客，若万事皆如吾言，吾甘为弟子。”

适逢笑岭和尚[1]同坐茶会，笑岭道：“利休所言极是。唐鸟窠禅师[2]有言：‘诸恶莫作，众善奉行。’同理也。”

洗心自新

32

Cleanse your mind,

and you will of yourself

become new.

茶会中，主人需要打扫客人必会经过的几块飞石，客人在进入茶室前需要洗手。在日本，佛寺和神社入口处都有洗手台，人们认为只有清洁自己后才能得到佛祖或神明

1 笑岭和尚，笑岭宗诉（1504—1583），日本大德寺第107代住持。

2 鸟窠禅师（735—833），即道林禅师，本号道林，法名圆修。

的庇护。这与卫生无关，而是一种内心的转变。

诸桥辙次[1]是《大汉和辞典》的主编，该辞典共十三卷，其中对“洗心革面”一词有详细的解释。诸桥认为，词中的“革”字源于《易经》中的“革”卦，代表改变或进化。革卦由主卦“火”和客卦“泽”组成，虽然水火不容，但这两个元素都带有净化的意味。与“革”卦有关的卦辞如是说：

> 革而当位，故悔乃亡。天地革而四时成。

需要强调的是，“革”可作两解：改良或改革。我们洁净内心也有此二方。《象》解此卦：

> 泽中有火，革。君子以治历明时。

这或许说的就是人的“为”与“无为”。人每天的心境都在不断更新。

---

1 诸桥辙次（1883—1982），日本学者、汉字研究者。——译注

天命之谓性，
率性之谓道，
修道之谓教

33

What Heaven commands is

called our［true］nature；

following our nature is called the Way；

cultivating the Way is called education.

此乃儒、释、道三家共通的核心教义。天赐予我们本性，我们跟随本性生活，就是道。我们修养、规范自身，践行、掌握道，就是教育。

此句出自《中庸》，全文如下：

> 天命之谓性，率性之谓道，修道之谓教。
>
> 道也者，不可须臾离也，可离非道也。是故君子戒慎乎其所不睹，恐惧乎其所不闻。
>
> 莫见乎隐，莫显乎微。故君子慎其独也。

寿

34

Long Life. Congratulations.

“寿”暗示的是接受漫长生命的态度，也意味着超越生死轮回。《史记·老子韩非列传》中评价老子：

以其修道而养寿也。

不过道家看待事物有多个不同的角度，有教养的茶人一定十分熟悉以下这句：

寿则多辱。

——《庄子·天地》

以及：

天下有至乐无有哉？有可以活身者无有哉？今奚为奚据？奚避奚处？奚就奚去？奚乐奚恶？

夫天下之所尊者，富贵寿善也；所乐者，身安厚味美服好色音声也；所下者，贫贱夭恶也；所苦者，身不得安逸，口不得厚味，形不得美服，目不得好色，耳不得音声。若不得者，则大忧以惧，其为形也亦愚哉！

夫富者，苦身疾作，多积财而不得尽用，其为形也亦外矣。夫贵者，夜以继日，思虑善否，其为形也亦疏矣。人之生也，与忧俱生，寿者惛惛，久忧不死，何苦也！其为形也亦远矣。烈士为天下见善矣，未足以活身。吾未知善之诚善邪，诚不善邪？若以为善矣，不足活身；以为不善矣，足以活人。故曰："忠谏不听，蹲循勿争。"故夫子胥争之以残其形；不争，名亦不成。诚有善无有哉？

今俗之所为与其所乐，吾又未知乐之果乐邪，果不乐邪？吾观夫俗之所乐，举群趣者，誙誙然如将不得已，而皆曰乐者，吾未之乐也，亦未之不乐也。果有乐无有哉？吾以无为诚乐矣，又俗之所大苦也。故曰："至乐无乐，至誉无誉。"

天下是非果未可定也。虽然，无为可以定是非。至乐活身，唯无为几存。请尝试言之。天无为以之清，地无为以之宁，故两无为相合，万物皆化。芒乎芴乎，而无从出乎！芴乎芒乎，而无有象乎！万物职职，皆从无为殖。故曰天地无为也而无不为也，人也孰能得无为哉！

——《庄子·至乐》

因此，此一行物"寿"既叫人欢喜，也叫人担忧。人都希望长寿，但我们应注意如何为此做好准备。

第五章　看脚下

看脚下

35

Look beneath your feet.

再没有比这更清楚的教诲了。我们的真本性不在天边，而在我们每个人的心里。有趣的是，“脚下”一词除了字面意思，还用作指称“现在”。“看”这个汉字的样子，是把手抬在眼睛上方，就像一个人在眺望远方。它的含义在禅、茶、武中显而易见。

同样的，为了理解并跟上这个瞬息万变的世界，我们必须直接感受它。人为的精神构建、观念、猜测只是我们与其他万物间的阻碍。没有这些阻碍，也就没有二元论，我们就能达到禅宗所说的“无一无二”。

因此，真谛离我们并不遥远，我们无须远渡印度或日本去寻找。佛即在我们心里。为了强调这点，很多禅寺的入口处都会有一个标语：“请脱鞋并放在此处”。看脚下。

还有一类似的句子：

照顾脚下。

不要对显而易见的事物视而不见。

蓬莱山在何所

36

Where is the Mountain of the Blest?

据说，蓬莱山在中国渤海东面的仙岛上，在山东半岛的远方，上面住着不老不死的仙人，这位仙人拥有传说中的长生不老药。公元前二三世纪，贵族甚至君王都派出人马寻找蓬莱山，寻求不老药。大约在公元前 220 年，终于有一位领队说服秦始皇，使他相信自己能找到蓬莱山并将其收归秦国，为此需要三千童男童女（以及两名道士）。大船在隆重的送行仪式中起航，却一去不复返。

天堂何在？在内在外？禅师告诉我们，当我们坐禅时，蓬莱就在我们臀下，而那三千童男童女会妨碍我们到达。我们的旅途不需要皇帝的批准。你如果没有打坐的圆垫，可以铺一张毯；如果没有师父，图书馆里有许多关于打坐的书；如果没有一同修行的人，你的狗可以陪伴。

梭罗说，一个人放得下的事越多，就越富有。苏格拉底第一次逛雅典市场，看到琳琅满目的商品后张开双臂感叹：“谁能想到这里有这么多我用不到的东西呀！”

吃茶去

37

Have a cup of tea.

师[1]问新到：“曾到此间么？”

曰：“曾到。”

师曰：“吃茶去。”

又问僧，僧曰：“不曾到。”

师曰：“吃茶去。”

后院主问曰：“为甚么曾到也云吃茶去，不曾到也云吃茶去？”

师召院主，主应喏。

师曰：“吃茶去。”

——《五灯会元》

茶室挂此一行物，是为了让主客把注意力集中到正在

---

1 师，指赵州从谂禅师，详见前文第 33 页。——编注

做的事上。对修禅者来说，佛土并不在遥远的西天，而在眼前，在饮茶者全神贯注的瞬间。是否在寺院出家并不重要，禅在我们一步一步的努力之中，净土在我们脚下。

《碧岩录》中还有一则略微复杂的公案：

长庆[1]有时云："宁说阿罗汉[2]有三毒[3]，不说如来[4]有二种语[5]。不道如来无语，只是无二种语。"

保福[6]云："作么生是如来语？"

庆云："聋人争得闻。"

保福云："情知尔向第二头道。"

庆云："作么生是如来语？"

保福云："吃茶去。"

饮茶，醒来，脚踏实地。

另一相关的句子是：

---

1 长庆，指长庆慧棱禅师（854—932）。

2 阿罗汉，小乘佛教所理想的最高果位。阿罗汉只做应做之事，断绝一切嗜好、情欲，摆脱了烦恼，死后可涅槃。

3 三毒，一切痛苦的根源：贪、嗔、痴。

4 如来：如来佛。

5 二种语，一为"世语"，绝对真理；二为"出世语"，未准备好接受绝对真理者首先接触的真理。

6 保福，指保福从展禅师，为唐代禅僧。

且坐吃茶。

如此，你对身边的每一个人说“吃茶去”，无论他们是敌是友，是贫穷还是富有，是上等还是下等。二元论只存在于我们的心里，并不存在于你所处的实相。

露 38 Dew

露，表露、显露、暴露、露出、揭露；是坦白的，直率的，或裸露的。当在日语里发音为“tsuyu”时，“露”指的是“露水”，意味着无常。

通往茶室的小径和庭院叫作“露地”，让人遐想到小路上的露水，同时暗示我们转瞬即逝的生命，一切都在此时此刻表露无遗。因此，露地是一个能让人变得坦率的地方。在茶道理念中，这条小径应是简单、朴实的——一条飞石铺成的路、一些平常的树，还有茵茵青苔。这些都应与佛的显现化身一般，毫无隐瞒。如此，露地应是一个洁净灵魂的场所，经过露地后，人格才可能在茶室中显现出来。这再一次提醒我们，“禅”这个字，由“示”与“单”组成。

其他传统艺术也是一样的，无论书道、剑道、花道，据说每一笔、每一剑、每一朵花或一片叶的位置，都能显露习者的品质。

“露”这一字还让我想起《方丈记》的开头。《方丈记》是每一个日本学生都要学习的古典随笔，作者是鸭长明，完稿于1212年，描写的是人生无常及闲居生活的乐趣。其开头如下：

> 川流不息，然其水非原水。浮沫漂于积水，此消彼起，未可久存。世人之于居所，亦是如此。
>
> 人与居所，竞相逝去，无异于牵牛之露。或有露坠而花存，然日出则凋矣。或有花谢而露未消，然其不迨日暮矣。

欲得现前，莫存顺逆

39

If you want to obtain what is

manifest right in front of you,

do not reside in order and reverse.

但莫憎爱，洞然明白。

诸相皆幻，莫取憎爱；如实观照，自然明了。

毫厘有差，天地悬隔。

会与不会，一念之差；成圣成凡，天地之别。

欲得现前，莫存顺逆。

若欲真现，唯除妄心；除妄之法，莫存顺逆。

违顺相争，是为心病。

——《信心铭》

这又是一条告诫二元思维和墨守成规的禅语。如果茶人过分在意规矩和礼仪，很有可能忽视客人，失去共同饮茶的意义。习剑之人若过分拘泥于所学的形式和剑法，那么对手出其不意时，就无法临机应变。

泽庵禅师在给剑术大师柳生宗矩的信中说，心应如溪中瓢，顺水沉浮，永不停息。瓢在水中，沉于此，浮于彼，复而继之。

眼前是什麻

40

What is this right before your eyes?

这是以下这个句子的完整版本，问的都是：在你眼前的是什么？睁大眼睛，并试着不要妄加评论。

是什麻？

此言出自《碧岩录·第五十一则》：

垂示云：才有是非，纷然失心，不落阶级，又无摸索，且道放行即是？把住即是？到这里，若有一丝毫解路，犹滞言诠。尚拘机境。尽是依草附木。直饶便到独脱处，未免万里望乡关，还构得么？若未构得，且只理会个现成公案。试举看。

举，雪峰[1]住在庵时，有两僧来礼拜，峰见来，以手托庵门，放身出云：是什么？僧亦云：是什么？峰低头归庵。僧后到岩头[2]，头问：什么处来？僧云：岭南来。头云：曾到雪峰么？僧云：曾到。头云：有何言句？僧举前话，头云：他道什么？僧云：他无语低头归庵。头云：噫，我当初悔不向他道末后句，若向伊道，天下人不奈雪老何。僧至夏末，再举前话请益。头云：何不早问？僧云：未敢容易。头云：雪峰虽与

1 雪峰，即雪峰义存禅师（822—908），“雪峰”是他弘扬禅法所住的山名。

2 岩头，指岩头全奯禅师（828—887）。

我同条生，不与我同条死。要识末句后，只这是。

颂云：

末后句，为君说，明暗双双底时节。

同条生也共相知，不同条死还殊绝。

还殊绝，黄头碧眼须甄别。

南北东西归去来，夜深同看千岩雪。

最后，禅僧卖茶翁[1]有一幅书法作品道：

见闻觉知

起居动静

是什麻

拨水求波

41

Ignoring the water

while

looking for waves.

我们寻找事物的意义时，往往会忽略“去寻找”这种

1 卖茶翁（1675—1763），日本禅僧，因在京都卖茶以及与风雅之客结交而得此名。

想法本身，或者忽略现实其实是由我们的大脑创造的。这种说法除了禅，还适用于很多地方。空海禅师写道：

风水龙王一法界
真如生灭[1]归此岑[2]

以及：

凡夫炫著幻男女，外道狂执蜃楼台
不知自心天与狱，岂悟唯心除灾祸[3]

说得更明白些，与下面这句中国俗语相通：

骑驴找驴。

戴着眼镜找眼镜，攥着钥匙找钥匙，我们谁没有过这样的经历呢？

---

1 真如生灭，世间现象及幻象，我们每日所见的现实。

2 见羽毛田义人：《空海密教》，第 214 页。

3 见羽毛田义人：《空海密教》，第 199 页。

第六章　无可无不可

即心即佛

42

This very mind is Buddha.

马祖[1]因大梅[2]问："如何是佛？"

祖云："即心是佛。"

无门曰：若能直下领略得去，着佛衣，吃佛饭，说佛说，行佛行，即是佛也。然虽如是，大梅引多少人错认定盘星。争知道说个佛字，三日漱口。若是个汉，见说即心是佛，掩耳便走。

颂曰：

青天白日，切忌寻觅。

更问如何，抱赃叫屈！

——《无门关·第三十则》

所以，只要我们醒悟，佛就在我们心中。不过，也有

---

1 马祖（709—788），通常称马祖道一，禅宗主要宗派洪州宗的祖师。

2 大梅（752—824），也有说卒年为839，唐代僧人。——编注

下面这样一句禅语：

非佛。

非佛 43 Not the Buddha

马祖因僧问："如何是佛？"

祖曰："非心非佛。"

无门曰：若向者里见得，参学事毕。

颂曰：

路逢剑客须呈，不遇诗人莫献。

逢人且说三分，未可全施一片。

——《无门关·第三十则》

如何理解这则公案？心是佛？佛是心？非心是佛？那非佛又是什么呢？

禅里有一句话是"说则错，不言则惑"。马祖的弟子自在禅师是这么理解的：

即心即佛，是无病求病句。

非心非佛，是药病对治句。

南泉被问到相同的问题时，是这么回答的：

非心非佛非物。

我们越是比较，越是咬文嚼字，就离真理越远。

无可无不可

44

Neither 'should' or 'should not'

逸民：伯夷、叔齐、虞仲、夷逸、朱张、柳下惠、少连。子曰："不降其志，不辱其身，伯夷、叔齐与！"谓："柳下惠、少连，降志辱身矣。言中伦，行中虑，其斯而已矣。"谓："虞仲、夷逸，隐居放言。身中清，废中权。我则异于是，无可无不可。”

——《论语·微子》

比较是不可取的，当我们比较他人时，我们自身和现实之间便出现了裂痕，出现了绝对与直观。在《禅茶录》中也有类似的记载：

法是无我，然人各有其趣，己所作万事皆好，轻侮他人，立我而止于偏见。

宫本武藏在《五轮书》中说了同样的道理。他的话不仅适用于剑道，也适用于任何一门艺术：

传多技于人，此乃贩道也。以技法之多，引人好奇，此兵法所不齿。制人之法繁多，心迷也。

虽然宫本武藏总是用一柄木剑而非铁剑，但他认为剑客应临机应变，根据情况拿任何东西当武器。他一定很欣赏下面这句：

利剑不如锤。

45

利剑不如锤

A sharp swaord is not

as good as

an awl.

锋利的剑可以刺入对手的胸膛，但在木板上钉钉子时派不上用场。道家认为世间万物各有其德，背离其德，便会偏离其道。

> 今夫斄牛，其大若垂天之云，此能为大矣，而不能执鼠。
>
> ——《庄子·逍遥游》

> 夫水行莫如用舟，而陆行莫如用车。以舟之可行于水也，而求推之于陆，则没世不行寻常。
>
> ——《庄子·天运》

吉川元春（1530—1586）是日本战国时代的一位武将，他用另一种方式阐述了这个道理：

> 有勇无谋，或成猛士，却无大将之器。千兵之将

者，定有过人谋略，而非小勇也。

还有一句日本老话也是这个道理：

汤勺替不了挖耳勺。

长者长，短者短

46

That which is long is long;

that which is short is short.

长者是长佛，短者是短佛。从实用的角度来说，树墩可作打坐垫，裂杯可当喝茶碗，米缸之盖可为盾。

> 虽然，形气异也，性钧已，无相易已。生皆全已，分皆足已。吾何以识其巨细？何以识其修短？何以识其同异哉？
>
> ——《列子》

> 青松高百尺，绿蕙低数寸。同生大块间，长短各有分。
> 长者不可退，短者不可进。若用此理推，穷通两无闷。
>
> ——白居易

这些说法都让我想起了鸭子的一双短腿。如果硬要将它拉长，只会让鸭子受伤。同样的，如果按照我们的意愿把鹤腿削短，鹤就成了残疾。每一个现象都有它存在的道理，在道家的世界里，万物都有自己的“德”。因此，我们必须克服自我的好恶、意见、成见，去寻找事物真正的价值。

由此，我们可以联想到一句出自中国禅宗典籍《人天眼目》的句子：

头头无取舍，处处绝亲疏。

头头无取舍，处处绝亲疏

47

With people and things,

neither grasp nor throw away;

with places or circumstances,

be neither removed nor intimate.

《碧岩录·第四十二则》中讲，庞居士[1]顿悟后，以一偈词解释道：

---

1 庞居士（740—808），中国著名禅师。

日用事无别，唯吾自偶谐。

头头非取舍，处处没张乖。

朱紫谁为号，青山绝点埃。

神通并妙用，运水及搬柴。

我们领悟事物的本性后——禅中事物的本性往往是无我、无常——会发现完全没有必要做取舍，也不需要表现亲切或冷漠。从这个角度来讲，儒家的“仁”和佛家的“慈悲”可以应用于任何事物。

达摩在《达摩血脉论》[1]中如是说：

欲真会道，莫执一切法；息业养神，余习亦尽。

对事物的区分只会让我们内心的价值观扰乱我们的视野，而这些价值观不过是相对的。如果不去评价，茶人可以看到一只有缺口的茶碗的美；剑客可以拿任何东西作武器，并给出果断一击。

1 《达摩血脉论》，出自《大藏经》第四十八卷。——译注

他马莫挽，他弓莫牵

48

Do not ride another man's horse;

do not draw another man's bow.

东山演师祖曰："释迦弥勒犹是他奴。且道他是阿谁？"

无门曰：若也见得分晓，譬如十字街头撞见亲爷相似，更不须问别人，道是与不是。

颂曰：

他弓莫挽，他马莫骑，他非莫辨，他是莫知。

——《无门关·第四十五则》

这使人联想到一句日本谚语：

效鹈之乌。

用鹈鹕捕鱼在东亚一度十分常见，现在中国和日本的一些地区仍保留着这一传统。渔民在夜里划船进入河流深处，船头挂着大灯笼或火把，鱼被光亮吸引，向渔船游来。当它们靠近渔船时，渔民便放出脚上拴着绳子的鹈鹕，由它们潜入水中捕鱼。

乌鸦是有名的模仿高手，但它们并不善水。它们如果模仿鹈鹕，很有可能被淹死。可见，每个人都应顺应自己的本性、天赋或其他受训过的技能。如果你是鹈鹕，好好做鹈鹕；如果你是乌鸦，好好做乌鸦。

同样的，当一个学禅之人向师父表述自己对某则公案的理解，他的回答应源于自身的思考。如果师父察觉学生可能借鉴了他人之见，那么师父可能真的会给学生来个“三十棒”[1]。

---

1 三十棒，出自德山禅师公案中的“道得也三十棒，不道得也三十棒”。——译注

第七章　和而不同

云月是同，
溪山各异。
万福万福，
是一是二

49

The clouds and moon are the same.

The valley and mountain are each different.

How wonderful! How wonderful!

This is One. This is Two.

此句出自《无门关·第三十五则》最后的颂词，其公案原文如下：

> 五祖问僧云："倩女离魂[1]，哪个是真底？"
>
> 无门曰：若向者里悟得真底，便知出壳入壳，如宿施舍。其或未然，切莫乱走，蓦然地水火风一散，如落汤螃蟹七手八脚。那时莫言不道。

此诗受一则民间传说启发，十分有名。故事起源于唐朝，说的是一个女子的魂离开了身体。这个故事有多个版本，包括《还魂记》《离魂记》《牡丹亭》。随着中国民间传说流入日本，这则故事在德川时代[2]的日本广为人知。其内容大致如下：

1 倩女离魂，指的是年轻貌美的女子之死。

2 德川时代，即江户时代（1603—1867）。——译注倩娘与王宙青梅竹马，本应在成年后喜结连理。倩娘到了适婚年龄，父亲却将她许配给别人。倩娘与王宙伤心欲绝，王宙不忍眼睁睁看着心爱的人嫁作他人妇，便在某个夜晚独自乘船离开小镇。船沿着河道前进，王宙突然发现倩娘沿着河岸匆匆赶来。他欣喜若狂，将倩娘接上船，两人私奔至远方。

数年后，倩娘思乡甚切，很想回家探望父亲。王宙同意了，两人一同回到老家。王宙想先向倩娘父亲谢罪，便将倩娘留在船上。但当他解释来龙去脉时，倩娘的父亲十分不解。他带王宙来到倩娘的闺房，让他见一位女子。王宙看后大惊，那分明就是倩娘！倩娘父道，在王宙走后，倩娘便不会言语了，一直卧床不起。倩娘父弯腰向倩娘说明刚才的事，她却马上醒过来，高兴地下床去见王宙的妻子。两位女子一见面，瞬间合为一人。

倩娘父这下明白了，王宙走的那天，女儿的魂也跟着他走了，今天王宙回来，女儿的魂[1]也就回来了。

---

1 如果知道中国人相信人有两种灵魂，这个故事读起来则会更有趣：魂，当人死后会升天；魄，当人死后会入地。故事中可能是倩娘的魂同王宙走了，而魄留在了家里。

倩娘自身并不知道自己已昏迷多年，也不知道到底哪一个是真正的自己——是跟随王宙走的那个，还是在家乡卧床多年的那个？

如果我们说世界是一，我们就忽略了相对现实，那无穷多的石头、河流、人和鹈鹕；如果我们说世界为二，我们就忽略了一切事物的本质。世界是一是二？答案应是：

万福万福，是一是二。

和而不同

50

Harmonious

but

not obsequious

你虽然很珍惜和谐的状态，尊敬他人，但当你习惯于和他人的关系后，很容易变得不尊敬。“二为一”与“一为二”并不相同。

“和而不同”出自《论语》，完整版本如下：

君子和而不同，小人同而不和。

——《论语·子路》

日本战国时代的军事将领都是有识之士，他们或许有时自负和顽固，但明白自己一人之见会有瑕疵，因此十分重视他人的建议。谋士的阿谀奉承并不是这些将领想要的，更何况奉承之语一般并不正确。

某日，堀秀政私服出府，在城里立起一块木牌，让百姓在上面留字，批评自己的执政。他的家臣并不知道堀秀政干了此事，他们发现这个木牌时十分震惊，建议秀政严惩犯人。最后，秀政仔细地读了这个木牌，正襟漱口，向其行了三次礼，而后对家臣说："这里还有人能如此进谏于我吗？这是上天赐予我的无价之宝。木牌上写的都是我们的财富。"[1]

德川家康也说过：

家臣敢谏君主之过，远胜武将敢为千军之先。

---

1 神子侃：《武将语录》，第102页。

大道无门，
千差有路。
透得此关，
乾坤独步

51

The Great Way has no gate, but there are a thousand bypaths and alleys.
If you penetrate this barrier, you can walk along in the universe.

此句出自《无门关》。

虽然禅宗、茶道、武道各有千万流派，但都只有一个基本。《无门关》的序词是这样写的：

> 佛语心为宗，无门为法门。既是无门，且作么生透，岂不见道？从门入者，不是家珍，从缘得者，始终成坏，恁么说话？大似无风起浪，好肉剜疮，何况滞言句，觅解会，掉棒打月，隔靴爬痒，有甚交涉。

如果你的决心如一条奔腾的河流，你可不顾危险，跨越一切阻碍。八臂哪吒[1]会挡住你的去路，但你不会停留。甚至那二十八个印度人[2]和六个中国人[3]都只能在你的奔流下

---

1 哪吒，指强大的魔王，通常被描绘成三头六臂的模样。

2 二十八个印度人，指西天二十八祖，最初的二十八位禅僧。

3 六个中国人，指禅宗六祖，中国禅宗的六位祖师，菩提达摩（虽然是印度人）是一祖，慧能是六祖。

求饶。可如果你有一丝犹豫，一切就会像白驹过隙，忽然而已。

一见四水

52

One view,

four [different kinds of]

water

虽然水就是水，但对于不同的人来说水有着不同的意义。于神，水是珠宝；于人，水是饮品；于恶鬼，水如血；于鱼，水是栖息的家园。角度和经历不同，看见的事物也会不同。我们为什么要进禅堂，进茶室，进道场？我们在寻找什么？

道元禅师在《山水经》中阐述了这个问题：

> 水，非强非弱，非湿非干，非动非静，非冷非暖，非有非无，非迷非悟。结冰则硬比金刚石，无人能破。融化则柔似乳水，无人能破。正因如此，不可怀疑现成所有功德。片刻，十方之水应以十方之眼看。不应只参学人天所见之水，应参学水之水，因水即是

水之修证。

但现实是否仅因思想不同而不同？并非如此。

（文益）雪霁辞去，地藏[1]门送之，问云：上座寻常说，三界唯心，万法唯识。乃指庭下片石云：且道此石在心内，在心外？师云：在心内。地藏云：行脚人著什么来由，安片石在心头？

——《大法眼文益禅师语录》

理事不二

53

Principle and phenomena are not two.

道理是真实的、绝对的、相等的；现象是明了的、相对的、不同的。但同时，相等也是不同，道理和现象既不绝对也不相对。

1　地藏，指地藏桂琛禅师（867—928）。——译注理比事先，体比剑先，此乃术之弱点。因对敌求其事理也。临机应变之事，不应思量而动，应以自然之理，不假思而变，不假量而应也。故我敬应我之理，而不思虑分别。

心不乱，胜无疑。应识本分正位。学此法者，心行如此。学至高上，则无心不乱、敬一理之别也。内外打成一片，无善又无恶。千刀万剑唯心定，十方贯通变自在。是离一心之传授，而达别传之位矣……

千变万化由其一。一是无形之全体。譬如水，水无常形，故方圆皆可容……

故，剑在事在，事在理在。心为事本，体为剑本……

剑体本来之正在事理执行之功。

——《一刀斋先生剑法书》

有一句更简单的短语：

理事具备。

理是本，事是象，万物都在此二元中。

鞍上无人，鞍下无马

54

Above the saddle,

no man;

beneath the saddle,

no horse.

问：“何为动而不动，静而不静？”

曰：“人是动物，不能不动。日用人事，应用多端，然不为此心物而动、无欲无我之心体，是泰然自若。

“以剑而论，以寡敌众，不知往左往右时，生死神定，不为敌众而动，是动而不动。

“汝可曾见骑马否？善骑者，驰马东西，而心泰形静。骑者抑马邪性而顺其天性，外见如人马一体。故人跨鞍上，是马主，然马以己动，无困苦。人忘马，马忘人，人马精神合一互不分离，则可说‘鞍上无人，鞍下无马’也。

“此乃浅显可见一例。”

——《天狗艺术论》

没有人在骑，没有物被骑，我与他皆无形。以此法持

茶碗或剑，则手中无一物。

处处真，处处真，尘尘尽本来人

55

Wherever you are is truth，

wherever you are is truth；

the dust

everywhere

is the fundamental self.

此句出自《圆悟语录》。

无论去哪儿，真理都是明白无误的。没有什么不是你的本来面目。因此，茶室里有茶具，道场里有武器。再次引用《禅茶录》中的话：

> 禅茶之器非美器、非珍器、非宝器、非古器。圆虚清净，始为器。禅机茶，持一心清净以为器。

“尘”字，词源上指的是鹿蹄扬起的土，在中国和佛教文学中常用来指物质世界和其中的一切：我们的贪欲、性欲、愤怒、自大。“六尘”这一概念更为深入，说的是我们的感官（色、声、香、味、触、法）是导致我们烦恼的根源。

禅宗却不这么认为。禅宗教导我们“六尘”不净，是因为我们视其不净。感官显示我们真实的人格，而根据真言宗教义，这些感官本身就是觉悟。

春色无高下，
花枝自短长

56

In the scenery of spring

there is no high or low；

the flowering branches are of themselves，

some short，some long.

此句出自《嘉泰普灯录》。

这是对于自然或者说无意识的自我创造的完美谱写。它对应的拉丁语是“natura naturans”，意为“自然自会运转”，而非“natura naturata”——“自然已经完成”。

这句话让我想起茶室的构造，那种对于自然界不对称美的重视。一些最珍贵的茶碗也符合着这一审美准则。这些珍贵的茶碗启发我们反思自身的缺点，证明我们完美地不完美着，我们是宇宙中独一无二的存在。

第八章　山是山，水是水

山是山，水是水

57

Mountains are just mountains;

rivers are just rivers.

青原[1]说："参禅之初，看山是山，看水是水；禅有悟时，看山不是山，看水不是水；禅中彻悟，山是山，水是水。"

以事物本来之貌观之，得现实之相。

我们一定要警惕以宗教、哲学、唯心的视角看待事物。起初我们看见真相，学习多年后，我们会看见真理。不过，只有脱离了一切看待事物的观念后，我们才能看到真相或真理。

在禅文学中，我们读到禅师在开悟后离开他修行的山头，回到俗世与邻居生活在一起。

在武道中，柳生宗矩认为一个人的勤奋努力可以超越任何技术。他如是写道：

> 虽有秘传、绝技，若心为技所困，则必败。除有

1 青原（660—740），六祖慧能的继承者。这段话在很多禅宗文学作品中出现过。

无，将其化为已用。

——《兵法家传书》

不仅僧人，习茶者、习武者有这样的想法，柳生在书中还引用了一位妓女写给一位僧人的诗：

听闻师父已弃世，

愿僧心不在此留。

“山是山，水是水”出自《碧岩录·第六十二则》，全偈如下：

天是天

地是地

山是山

水是水

僧是僧

俗是俗

任何一种象都有自己的性、德、实，我们不应拿一说二，忽视它真实的样貌。但这并不代表它们应单独存在。

《易经》第十二卦“否”象征天地，讲的是一种停滞、受阻隔的凶兆。《象》曰：

> 天地不交，否；君子以俭德辟难，不可荣以禄。“拔茅”“贞吉”，志在君也。“大人否，亨”，不乱群也。

当茶室里只有贵族、首领、武士、富商时，他们不会试图理解对方，因而不会产生共鸣，没有真正的交流，气氛凝滞。当道场里只有最优秀的学生或初学者，则没有切磋的空间。一个人只思考而不实践，并不能进步。天是天，地是地，山是山，水是水，僧是僧，俗是俗。但若它们单独存在就失去了意义。无河哪有山？无俗哪有僧？

天高无涯，鸟飞如鸟

58

Heaven is high and without boundaries;

Birds fly like birds.

人与飞鸟，以及世间万物，都各有天命。若各安天命，不失道，不失和谐与安宁，自然会得到尊重。天无限，我们自身虽有不及，所作所为却不受阻碍。

鸟飞高空，鱼游深水，鸟和鱼没有意识到自己在这么做。所以，鸟和鱼都不知道自己能飞或能游。它们一旦明白了自己正在做什么，或许就会摔落或淹死。人的脚能走，手能握，耳能听，眼能看，这些就像鱼能游、鸟能飞。人的走、握、听、看都适时发生，先发于想。如果每一个动作都是思考后的结果，人就太累了。因此，那些自然作为的人能够长寿，那些始终坚守自然而然规范的人能胜出。[1]

有一句与此意思相符的句子：鸢飞戾天，鱼跃于渊。

> 《诗》云："鸢飞戾天，鱼跃于渊。"言其上下察也。君子之道，造端乎夫妇；及其至也，察乎天地。
>
> ——《中庸·第十二章》

鸟飞高空，鱼游深水，男女结合[2]，均是天地之谜。现实

---

1 冯友兰：《中国哲学史》。

2 男人和女人结对而舞，这是在举行婚礼——
一种庄严而方便的圣礼。
一双双一对对，必然的结合，
他们手拉手或臂膀挽着臂膀，
表示情投意合。
——T. S. 艾略特，《东科克》

世界最深刻的原则在此彰显无遗，就像饮茶。还有什么能更自然呢？

采菊东篱下，
悠然见南山

59

Picking chrysanthemums

beneath the eastern hedge,

I look leisurely out

at the southern mountais.

这个常被引用的诗句出自陶渊明的《饮酒（其五）》，描绘的是人最幸福的自然状态。这个句子突出了整首诗的意境，或许是东亚文学中最受欢迎的一句诗。

结庐在人境，而无车马喧。

问君何能尔？心远地自偏。

采菊东篱下，悠然见南山。

山气日夕佳，飞鸟相与还。

此中有真意，欲辨已忘言。

陶渊明生活的那个时代比禅传入中国还早一百多年，

比饮茶的黄金年代早五百年。他最爱的饮品还是酒[1]。他的诗歌以丰富的语言表达了对自由的追求和对自然的热爱，在后世大受修禅者与茶人的欢迎。此诗的最后一句与老子对语言的不信任以及禅师所说的“开口成错”[2]有着异曲同工之妙。

行到水穷处，
坐看云起时

60

Walking to where
the stream begins,
I sit and watch
the clouds arise.

这是王维的一句名诗，在中国和日本常被用于书法或山水画中。王维还是一位画家、书法家、音乐家。他十分欣赏陶渊明的自由精神和对自然的热爱。晚年，王维辞官退隐山林，投身于艺术，学习禅法，漫步于终南山中。“行到水穷处，坐看云起时”可谓王维如下诗作（《终南别业》）

---

1 陶渊明所谓的酒，在英文里常被翻译成“wine”，但实际应更接近于日本的清酒，用米酿造，或是用大麦、小麦等谷物蒸馏而成。

2 禅师们还会说“闭口也错”。

的点睛之笔。

中岁颇好道，晚家南山陲。
兴来每独往，胜事空自知。
行到水穷处，坐看云起时。
偶然值林叟，谈笑无还期。

有很多一行物都以自然为主题，一些能给我们启发，一些只是为饮茶或坐禅营造氛围。以下这句也是极好的一例。

雪消山岳露，
日出海天清

61

When the snow melts,
the mountain peaks appear;
When the sun comes out,
the sea and sky are clear.

当抛开欲望和幻想，我们的佛性便会显现。你若抛开对所学艺术的成见，或许就会理解师父的教诲。

虚空无背面，鸟道绝东西

62

The empty sky has

no back or front;

the path of birds eradicates

east and west.

当一个人开悟后，空间、方向都成了无意义的东西。那么语言和定义呢？

《道德经》告诉我们："道可道，非常道。""道"这个字，既有"路"的意思，又有"说"的意思。因此，可以设计的道路、可以描述的道路，都是人为规定的坐标。我们最好避开其他人常走的路，放下地图。正如西方人常说的："地图不是地。"

此句中的"鸟道绝东西"，也常常作为"一行物"出现。

南地竹，北地木

63

Bamboo in the south;

trees in the north

《碧岩录》第十二则公案中有这样一段著名的对话：

僧问洞山："如何是佛？"

山云："麻三斤。"

在随后的解说中又有一问："如何是'麻三斤'？"答曰："南地竹兮北地木。"

洞山的回答再次强调了现世现时的问题。"如何是佛"是在探讨形而上的问题，会让人进入一个理念的、概念的、语言的世界。禅宗认为，理念、概念、语言皆是阻挠修禅者开悟的障碍，是使人迷惑的歧途。如果自然界直接说法，它会让我们摒弃脑中的一切观念，倾心聆听。

无门禅师面对同一个问题的回答更让人匪夷所思：

干屎橛。

这句大概不会出现在茶室里。

第九章　自然语

古松摇般若，幽鸟弄真如

64

The ancient pines

discuss *prajna*;

the mountain birds

sing about Truth.

宋朝晦岩智昭编纂的《人天眼目》是禅宗典籍，其中有这样一段：

> 古松摇般若，幽鸟弄真如。况有归真处，长安岂久居。
>
> 解语非干舌，能言岂是声。不知常显露，刚道有亏盈。

在谈禅或佛教之前，一切有觉、无觉的存在都有佛性，这是一个基本的认识。所有自然之声都是佛祖或实相的化身，都在向我们弘扬佛法。日本僧人空海这样写道：

> 佛法不知露藏，因人而显而隐。[1]

对于已经开悟的人来说，任何看到、听到、碰到、尝

---

1 羽毛田义人：《空海密教》，第150页。

到的，都能使他感受到佛心。角度细微不同，就会让你看到完全不同的世界。

云行观自在，水流不动尊

65

The clouds are

a moving Kannon;

the water,

a flowering Fudo Myo-o.

自然的各个方面都在彰显佛法。观音[1]或观自在，是慈悲的菩萨，温柔如浮云。不动明王可以吓跑佛教的敌人，常被描绘成面目狰狞的模样。他右手持剑，可以斩断我们的无知，左手舞绳，可以集中我们的注意力。他叫“不动”，代表不被执念所阻的心念。他的形象经常出现在瀑布旁边。

只要我们留心，最有意思的佛经就在我们身边。

鸟语虫声，总是传心之诀；花英草色，无非见道之文。

1 观音，指观世音菩萨。

学者要天机清澈，胸次玲珑，触物皆有会心处。

——《菜根谭》

《禅林句集》中还有类似的两句：

一叶一释迦，一须一弥勒[1]。

山河并大地，全露法王身。

溪声便是广长舌[2]，山色岂非清净身

66

The valley stream is exactly the wide,

long tongue [of the Buddha];

the mountain scenery is

his body of purity.

此句摘自苏东坡的《赠东林总长老》。全诗如下：

溪声便是广长舌，山色岂非清净身。

---

1 弥勒，是未来佛。

2 广长舌，佛之三十二相中的一相。

夜来八万四千偈，他日如何举似人。

山溪的喃喃细语是佛祖释迦牟尼说法的声音，而青山本身就是佛祖之身。八万四千偈是夜晚自然的吟唱，清洁人们的八万四千种罪过。

此处再次引用《禅林句集》中的句子：

不信只看八九月，纷纷黄叶满山川。

岩上无心云相逐

67

Above the cliffs，the clouds

follow one after another，

with No-Mind at all.

此句出自唐代诗人柳宗元的《渔翁》：

渔翁夜傍西岩宿，晓汲清湘燃楚竹。

烟销日出不见人，欸乃一声山水绿。

回看天际下中流，岩上无心云相逐。

此诗中的多个句子都常出现在一行物中。它们都诉说着一种自然、质朴的心境，很容易引起日本人的共鸣，受到茶人、修禅者的喜爱。参拜禅寺、饮茶、习武，人们的心境都是相同的：

千山鸟飞绝，万径人踪灭。

孤舟蓑笠翁，独钓寒江雪。

以及：

汲井漱寒齿，清心拂尘服。

闲持贝叶书，步出东斋读。

真源了无取，妄迹世所逐。

遗言冀可冥，缮性何由熟。

道人庭宇静，苔色连深竹。

日出雾露馀，青松如膏沐。

澹然离言说，悟悦心自足。

柳宗元并不是佛教徒，但他对禅宗的不立文字有着很深的理解。梭罗也是一样，在户外找到了自己的庙宇，在自然间发现了“圣经”。

还有两首收录于《和汉朗咏集》的诗，其中的片段常被用作一行物，也与本章主题相符：

山远云埋行客迹，松寒风破旅人梦。

这让我们想起了我们无法避免的独居，以及老子的那句：

善行，无辙迹。

——《道德经·第二十七章》

以及另一首诗：

泉飞雨洗声闻梦，
叶落风吹色相秋。

瀑布象征磨炼，雨水象征佛法，二者平等降于善人与恶人，让我们从梦中清醒，回到本真的世界。

第十章　远离颠倒梦想

无畏处

68
No place
for fear

只要意志与信念坚定，任何地方都是净土，生老病死均离你远去。在佛教中，佛祖大发慈悲，对万物说法，教导他们要沉着无畏。在佛经《大智度论》中有这样一段：

> 问曰：何等名无所畏？
>
> 答曰：得无所疑，无所忌难，智慧不却不没，衣毛不竖，在在法中如说即作，是无畏。

当心中没有恐惧，没有情绪的影响，我们就能清晰地看事物。佛祖或许会同意洪应明在两千一百多年后写下的话：

> 静中念虑澄澈，见心之真体；闲中气象从容，识心之真机；淡中意趣冲夷，得心之真味。观心证道，无如此三者。
>
> ——《菜根谭》

值得注意的是，“畏”字有多个意思[1]，其中一个是“敬

1 有趣的是，甲骨文的“畏”字描绘的是魔鬼挥舞木棍的场景。

畏”，比如敬畏一卷通电的电线或一条响尾蛇。且看《新唐书·隐逸传》中的一段：

> 慎以畏为本，故士无畏则简仁义，农无畏则堕家穑，工无畏则慢规矩，商无畏则货下殖；子无畏则忘孝，父无畏则废慈，臣无畏则勋不立，君无畏则乱不治。是以太上畏道，其次畏天，其次畏物，其次畏人，其次畏身。

因为“畏”有如此多的意思，所以儒士进入茶室，看到壁龛里的这句禅语，或许会感到一丝疑惑。

白日青天，梦中说梦[1]

69

Explaining a dream

while in the midst of a dream

in broad daylight

此句出自《大般若经》。

1 道元在他的著作《正法眼藏》中有一篇题为“梦中说梦”的文章。在这篇文章里，他指出我们对这句话的理解是错误的，并解释道：“梦中说梦乃古佛。乘此宝乘，直至道场。”一些人认为道元所言是“邪思”，因为他在其他文章里就这个问题提出过不同见解。无论怎么说，道元的见解都不是对“梦中说梦”的主流解说。

每个人有不同的幻想，但这句话适用于所有人。“白日梦”指的是非常不切实际的事。

庄子对梦略知一二，这样说道：

> 觉而后知其梦也。且有大觉而后知此其大梦也，而愚者自以为觉，窃窃然知之。君乎？牧乎？固哉！丘也与汝，皆梦也；予谓汝梦，亦梦也。是其言也，其名为吊诡。

以及：

> 庸讵知吾所谓吾之乎？且汝梦为鸟而厉乎天，梦为鱼而没于渊。不识今之言者，其觉者乎，梦者乎？造适不及笑，献笑不及排，安排而去化，乃入于寥天一。

日本禅师道元对“解梦”一词有不同的说法。他的著作《正法眼藏》中有一篇名为“梦中说梦”的文章，其中说到语言、观念、想法，甚至我们对于佛教的解释，都是人为构建的，因此是偏离本真的。因为这些都建立在我们对于现实的二元体验上，所以只是解释我们存在的那个梦的梦话和梦想。但是对于没有开悟的我们来说，这已经是能达到的最好状态了。我们手指月亮，在一个梦中宣扬另一个梦。道元说：

此梦中说梦处，乃佛祖之国也，是佛祖之会也。佛国佛会，祖道祖席者，即证上而证，梦中说梦也。

还有一句类似的禅语：

白日青天，莫寝言好。

说梦话当然不是一件好事，可是我们无法控制。在他人面前展现你的无知，这十分不明智，却无法避免。能闭口时则闭口，正如谚语所说：

病从口入，祸从口出。

孔子一向能言善辩，他的规矩甚至更严：

食不语，寝不言。

——《论语·乡党》

不过，茶室里没有对说话的限制。千利休认为，茶室里的对话可以包括对茶具的欣赏等，却不应涉及俗世琐事，并且不可没完没了，除非谈论的内容有关佛教——他将一席茶的时间限制为四小时不无道理。其实，滔滔不绝或居高临下的发言在茶道里是十分不妥的。有这么多话，不如去梦里说吧。

本来无一物

70

Fundamentally,

not one thing exists.

中国禅文化就是由这句话发展起来的。这一句话，把多少贪婪、多少执念、多少幻想如垃圾般一扫而空。此句出自《六祖坛经》：

> 祖一日唤诸门人总来："吾向汝说，汝等终日只求福田，不求出离生死苦海，自性若迷，福何可救？汝等各去自看智慧，取自本心般若之性，各作一偈来呈吾看，若悟大意，付汝衣法，为第六代祖。火急速去，不得迟滞，思量即不中用。见性之人，言下须见，若

如此者，抡刀上阵亦得见之。”众得处分，退而递相谓曰：“我等众人，不须澄心用意作偈，将呈和尚，有何所益？神秀上座现为教授师，必是他得。我辈谩作偈颂，枉用心力。”诸人闻语，总皆息心，咸言：“我等以后，依止秀师，何烦作偈。”

神秀思惟：“诸人不呈偈者，为我与他为教授师，我须作偈将呈和尚。若不呈偈，和尚如何知我心中见解深浅；我呈偈，求法即善，觅祖即恶，却同凡心，夺其圣位奚别？若不呈偈，终不得法，大难大难。”五祖堂前，有步廊三间，拟请供奉卢珍画“楞伽经变相”及“五祖血脉图”，流传供养。神秀作偈成已，数度欲呈，行至堂前，心中恍惚，遍身汗流，拟呈不得。前后经四日，十三度呈偈不得，秀乃思惟：“不如向廊下书著，纵他和尚看见，忽若道好，即出礼拜，云是秀作；若道不堪，枉向山中数年，受人礼拜，更修何道。”是夜三更，不使人知，自执灯书偈于南廊壁间，呈心所见。偈曰：

“身是菩提树，心如明镜台，时时勤拂拭，勿使惹尘埃。”

祖已知神秀入门未得，不见自性……

复两日，有一童子于碓坊过，唱诵其偈。慧能一闻，便知此偈未见本性。虽未蒙教授，早识大意。遂问童子曰："诵者何偈？"童子曰："尔这獦獠，不知大师言：世人生死事大，欲得传付衣法，令门人作偈来看，若悟大意，即付衣法，为第六祖。神秀上座于南廊壁上书无相偈，大师令人皆诵，依此偈修，免堕恶道；依此偈修，有大利益。"慧能曰："我亦要诵此，结来生缘。上人，我此踏碓八个余月，未曾行到堂前，望上人引至偈前礼拜。"童子引至偈前礼拜。慧能曰："慧能不识字，请上人为读。"时有江州别驾，姓张名日用，便高声读。慧能闻已，遂言："亦有一偈，望别驾为书。"别驾言："汝亦作偈，其事希有！"慧能向别驾言："欲学无上菩提，不得轻于初学。下下人有上上智，上上人有没意智。若轻人，即有无量无边罪。"别驾言："汝但诵偈，吾为汝书。汝若得法，先须度吾，勿忘此言。"慧能偈曰：

"菩提本无树，明镜亦非台。本来无一物，何处惹尘埃。"[1]

1 慧能的这首偈经常作为一行物出现，尤其在禅寺和茶室里。

色即是空，空即是色

71

Form is exactly Emptiness;

Emptiness is exactly Form.

《般若心经》一共两百零六字，此句乃是其中精华。每天，世界各地的僧人、尼姑、居士都要念诵《般若心经》来净化自己的心灵、消除幻想。修禅者和茶人一般都对《般若心经》十分熟悉，它的全文如下：

> 观自在菩萨，行深般若波罗蜜[1]多时，照见五蕴[2]皆空，度一切苦厄。舍利子[3]，色不异空，空不异色，色即是空，空即是色，受想行识，亦复如是。舍利子，是

1 般若波罗蜜，梵语，意为“直觉的、超验的智慧可以将我们带到幻象的另一边”。“般若波罗蜜”字面上的意思是“通往彼岸的智慧”。这个概念无法用语言或观念来准确地定义、解释，但有时我们会因某些意外而获得它所指的经验，并因此看透“空”和“无”。

2 蕴，在梵语中意为“堆”“总和”。“五蕴”构成了我们的人格，分别是“色”“受”“想”“行”“识”。

3 舍利子，佛祖十大弟子之一，以智慧著称。

诸法空相[1]，不生不灭，不垢不净，不增不减。是故空中无色，无受想行识，无眼耳鼻舌身意，无色声香味触法，无眼界，乃至无意识界。无无明，亦无无明尽，乃至无老死，亦无老死尽。无苦集灭道，无智亦无得，以无所得故。菩提萨埵，依般若波罗蜜多故，心无挂碍，无挂碍故，无有恐怖，远离颠倒梦想，究竟涅槃。三世[2]诸佛，依般若波罗蜜多故，得阿耨多罗三藐三菩提。故知般若波罗蜜多，是大神咒，是大明咒，是无上咒，是无等等咒，能除一切苦，真实不虚。故说般若波罗蜜多咒，即说咒曰：揭谛揭谛，波罗揭谛，波罗僧揭谛，菩提萨婆诃。[3]

1 相，方面。

2 三世，有两种解释，一是过去、现在、未来三世；二是欲界、色界、无色界三界。

3《般若心经》最后的这句咒为音译，意译常作："去呀，去呀，走过所有的道路，大家都到彼岸去啊，觉悟了，欢迎。"

第十一章　无事

无为 72
No fabrication

《道德经》中说，人们应该“为无为，事无事”。

如何理解呢？首先是“为”这个字，意思是“做”“行动”。不过，它的含义不止于此。老子生活的时代使用的还是甲骨文，当时“为”字有几种不同的写法，其中一些描绘的是一只动物或一只人的手紧挨着一只动物，指的是某种形状或人为的框架，表示“暂时的”“模仿的”。经过历史演变，“为”又多了“做”的意思，可能指的是人模仿动物的形态、声音、动作。中文里“为”的发音与表示“欺骗”的“伪”相近，而“伪”一字仅是在“为”左边加了单人旁。因此，做、行动都与欺骗、有意识地做事有关。于是，“无为”说的就是无意识地行动、对结果不抱执念，这样活得轻松。

《道德经·第六十三章》中说：

> 为无为，事无事，味无味。

这或许就是寂庵宗泽所说的，在茶室里要“融自然之圆满，弃自身之我执”。这的确是对禅师提出的那些问题的优秀答案，也是在道场里舞剑时应有的觉悟。

无事 73 Without incident

这个词常被理解成“平凡的”“安静的”“平和的”，不过，在禅宗里它还意味着不去评价、无欲无求的心态所带来的宁静。阿伦·瓦兹在谈论禅时给了它一个让人愉快的定义：不慌不忙。道家说的“无事”，我们可以在《道德经·第四十八章》中读到：

> 为学日益，为道日损。损之又损，以至于无为。无为而不为。取天下常以无事，及其有事，不足以取天下。

《道德经·第五十七章》进行了更详尽的解释：

> 我无为，而民自化；我好静，而民自正；我无事，而民自富；我无欲，而民自朴。

庄子对这个问题也有着一己之见：

天其运乎？地其处乎？日月其争于所乎？孰主张是？孰维纲是？孰居无事推而行是？

——《庄子·天运》

最后，老子告诉我们要：

为无为，
事无事，
味无味。

“无事”一词也常出现在中国文学中，下面这句作为挂轴就十分经典，且看：

无事是贵人

74

The Gentleman is without fuss.

真正的君子没有执念，没有欲望，因此无为。无为，则无事、无惊。中国和日本都有这样一句古语：

无事是贵人，但莫造作。

这句一行物极有可能出自《临济录》。《临济录》是一本记录唐代禅僧临济的言行录，其中有这样一句：

无事是贵人[1]，但莫造作，只是平常。

临济以他独特的方式阐述了这个道理：

定上座[2]问临济："如何是佛法大意？"

济下禅床擒住，与一掌，便托开。定伫立。傍僧云："定上座何不礼拜？"

定方礼拜[3]，忽然大悟。

---

1 无事，临济将其定义为"停止追寻外物"，而"贵人"则意为"可尊敬的人"。

2 定上座，继承临济衣钵之人。

3 礼拜，满怀敬意地鞠躬。叫定上座礼拜的僧人其实是在暗示临济给他上了十分重要的一课。

随分著衣吃饭

75

Follow your position，put on your clothes，

eat and be done with it.

守本分，简单活，无论在哪里、做何事，都应全神贯注。唐代诗人李端有诗云：

随分独眠秋殿里，遥闻语笑自天来。

《易经》第十七卦为“随”卦：

卦辞：

元亨，利贞，无咎。

彖：

《随》，刚来而下柔，动而说，随。大亨。(利)贞，无咎，而天下随(时)之，《随》(时)之(时)义大矣哉！

象：

泽中有雷，随；君子以晦入宴息。

心随万境转

76

The Mind moves and revolves,

following every circumstance.

心若自由无碍，便可于千万转变中通行无碍。这是禅与茶的修行中所要求的自然状态，而在武道里却可能事关生死。再次引用泽庵禅师写给柳生宗矩的信：

> 无心者，无有所住。滞则心中有事，动则心中无事。心中无事，是谓无心……若成此无心之心，则无止无缺，如缸水常满，随用随有。
>
> 如溪中瓢，顺水沉浮，永不停息。瓢在水中，沉于此，浮于彼，复而继之。
>
> 以剑而论，挥剑之手，非心所在。不记技法，挥剑对敌，心不在敌。人空、我空、敌空剑空。细会此意，但忌心住空。

——《不动智神妙录》

大巧若拙

77

Great skill [looks] like bungling.

手艺不仅仅是技术，行动先于思考——达到这种境界时，你的行为和表现在外行人看来或许很不专业。

> 大成若缺，其用不弊。大盈若冲，其用不穷。大直若屈，大巧若拙，大辩若讷。躁胜寒，静胜热。清静为天下正。
>
> ——《道德经·第四十五章》

在日本茶室里，大师所欣赏的茶碗往往是无奇甚至是丑陋的：表面粗糙，形状不匀，上釉不均。一眼看去，这些茶碗粗陋如孩童之作抑或窑中残品。但实际上，匠人需要研习多年，花费多番心血，才能造出如此作品。其中一些已被认定为日本国宝，价值不可估量，它们向世界传达了蕴涵于不完美中的完美，手感温润而亲切。

道场里，老师父佝腿驼背，站在一旁看着学生们技法娴熟、行动敏捷。而与学生切磋时，却发现他们的速度与敏捷程度完全不占优势。老师父则步伐缓慢，身形颤巍，检视学生们的一招一式。

师父没有炫耀技艺，但真正的技巧总能透露出内在的优雅。真正的大师都自行其道，仿佛他们的技巧在这个世界上毫无特殊之处。

禅师会告诉我们，理想只存在于我们脑海中，与现实世界无关。诚然，理想是我们与现实世界间的阻隔，遮蔽我们的视野。如此看来，弯曲者自有直处，结巴的人亦能侃侃而谈。

无说无闻
是真般若

78

No explanations,

no listening:

this is true *prajna*.

真正的智慧超越一切信条、经书，或任何为我们可感知的利益而建立起的事物。

这句话出自《碧岩录》第六则公案：

岂不见，须菩提[1]岩中宴坐，诸天雨花赞叹，尊者曰："空中雨花赞叹，复是何人？"

天曰："我是天帝释。"

尊者曰："汝何赞叹？"

天曰："我重尊者善说般若波罗蜜多。"

尊者曰："我于般若，未尝说一字，汝云何赞叹？"

天曰："尊者无说，我乃无闻，无说无闻，是真般若。"又复动地雨花。

这似乎是在邀请我们进入一种纯粹的境界：闭口无言却让思绪如野马奔驰，不刻意聆听任何事。这是一种不含期待的境界。

泽庵禅师在《太阿记》中这样写智慧与剑：

莫以情势卜度，无言语可传，无法度可习。教外别传是也。

不用言语的传授，是茶道或任何一种修行的基础。

---

1 须菩提，佛陀十大弟子之一，以智慧著称。

来说是非者，便是是非人

79

The man who comes to explain

[other's] rights and wrongs is a man of

right and wrong

[i.e. criticism and relative，dualistic thingking].

洞山和尚因僧问："如何是佛？"

山云："麻三斤！"

无门曰：洞山老人参得些蚌蛤禅，才开两片，露出肝肠。然虽如是，且道向什么处见洞山？

颂曰：

突出麻三斤，言亲意更亲。

来说是非者，便是是非人！

——《无门关·第十八则》

无需捏造佛、道、智慧的定义，禅师会让我们用绝对的术语回答或干脆不说话。这或许就是"以一字说禅，然不可出声，不可静默"。当被问及事物的真谛时，任何语言、手势、静止，从根源上来说都是错误的。

有一句日本老话：

是非既落傍人耳。

换句话说，要做客观、公正的人。洞山和无门似乎都在告诉我们，真的客观存在于绝对现实里。

相见呵呵

80

Seeing each other,
they break out
in laughter.

在路上遇见一个陌生人，你觉得似曾相识，对他一笑，他也回你一笑，你们之间便产生了相互认同。这和禅师的顿悟有些相似。开悟是好笑的事吗？

“呵呵”指的是开怀大笑。在禅道中，笑就要放声大笑，哭就要痛哭流涕。这让我想到了一句中国古诗：

随富随贫且欢乐，不开口笑是痴人。

这里还有一则遇见生人如故人的例子：

一次，剑术大师宫本武藏准备离开名古屋时，看见对面走来一位武士[1]。他对自己的弟子说："我终于遇见了一个真正的活人。"两人越走越近，互相叫出了对方的名字，尽管这是他们第一次见面。据记载，两人一见如故，这位武士将宫本武藏请到自己家中，两人把酒言欢，却未较量剑术。后来，宫本武藏回忆这次经历，说："这种互相认同可谓是十分纤细的精神态度，或者是超凡的天性使然。我们没有切磋剑术，因为我们默认了彼此的实力。"

——《孤独的武士》[2]

风为什么色，雨从何处来

81

What color is

the wind;

from where does

the rain come?

当情绪、偏执、企图都被清除，我们便可以无做作地

1 一位武士，指柳生利严（1577—1650），也叫柳生兵库助，是日本爱知县西部地区柳生派剑道馆掌门，被认为是他那个时代最杰出的剑术家之一。

2 《孤独的武士》(*The Lone Samurai*)，本书作者所著的宫本武藏的传记。——编注

自然行动。

在日本京都市有一条叫“哲学之道”的小路，沿水道从银阁寺一直通到南禅寺，途中还经过法然院和禅林寺。春有樱花，秋有红叶，在水面的反射下，美景成双。这条路是为了纪念日本哲学家西田几多郎（1870—1945）而命名的。西田经常在这条路上散步，他一生都致力于以西方哲学术语解释东方禅体验的事业。他在著作《善的研究》中这样写道：

> 所谓“经验”，就是照事实原样而感知的意思，也就是完全去掉自己的加工，按照事实本来的样貌来感知。一般所说的经验总夹杂着某种思想，因此所谓“纯粹”，实指丝毫未加思虑辨别的、真正经验的本来状态。
>
> 例如在看到一种颜色或听到一种声音的瞬息之间，不仅没有考虑这是外物的作用或是自己在感觉它，而且没有判断这个颜色或声音是什么，“纯粹经验”就是在这之前的状态，与“直接经验”相同。
>
> 当人们直接地经验到自己的意识状态时，还没有主客之分，知识和它的对象是完全合一的。这是最纯的经验。

第十二章　无碍

白云去来

82

White clouds going and coming

如云行天空，人的思想也应该跟随天性，无阻地自由飞翔。

尧观乎华。华封人曰：“嘻，圣人，请祝圣人。使圣人寿。”

尧曰：“辞。”

“使圣人富。”

尧曰：“辞。”

“使圣人多男子。”

尧曰：“辞。”

封人曰：“寿，富，多男子，人之所欲也，汝独不欲，何邪？”

尧曰：“多男子则多惧，富则多事，寿则多辱。是三者，非所以养德也，故辞。”

封人曰："始也我以汝为圣人邪，今然君子[1]也。天生万民，必授之职。多男子而授之职，则何惧之有！富而使人分之，则何事之有！夫圣人，鹑居而鷇食，鸟行而无彰，天下有道，则与物皆昌；天下无道，则修德就闲；千岁厌世，去而上仙，乘彼白云，至于帝乡。三患莫至，身常无殃，则何辱之有！"

封人去之，尧随之曰："请问。"

封人曰："退已。"

——《庄子·天地》

福寿海无量

83

The Unending Sea of Blessings

此句出自《观音经》[2]，说的是我们如果全身心地供奉观世音菩萨，便能达到"福寿海无量"的人生境界，从此

---

1 君子，儒家常说的概念，指遵守社会道德的人。而道家说的圣人，首先必须有观天的智慧（预测何时下雨）。

2 《观音经》，即《法华经》的第二十五章，因世人普遍相信它能去除魔障，所以自成一经。

无忧。

净讼经官处，怖畏军阵中，念彼观音力，众怨悉退散。

妙音观世音，梵音海潮音，胜比世间音，是故须常念。

念念勿生疑，观世音净圣，于苦恼死厄，能为做依怙。

具一切功德，慈眼视众生，福聚海无量，是故应顶礼。

这也表明，我们无论怎么抱怨、如何不满，都是被保佑的。想要达到上述境界，我们必须跨越自大的自我。大慈大悲的观世音菩萨告诉我们，不该因个人苦痛而动，而应该为世间众生而动。观世音常被描绘成有一千只眼睛和一千只手的菩萨，如此他便能以千眼观世间疾苦，以千手救芸芸众生。

某些对佛教的解释认为，所有佛、菩萨、罗汉都是我们内心的写照。如此说来，观世音菩萨保佑我们福寿海无量，而我们自己就是观世音，我们自己就是一切保佑的源泉。

无我 84 No-Self

“我”被认为是阻挡佛家开悟或是成为儒家君子的最大障碍。如若没有了自私或自大，我们便会获得巨大力量，行动自如，且对他人充满同情。

> 子绝四：无意、无必、无固、无我。
>
> ——《论语·子罕》

> 会理知无我，观空厌有形。
>
> ——孟浩然

> 枯龟无我，能见大知。
> 磁石无我，能见大力。
> 钟鼓无我，能见大音。
> 舟车无我，能见远行。
> 故我一身，虽有知有力，有音有行，未尝有我。
>
> ——《关尹子》

大剑术家柳生宗矩也学习过茶道和能乐，他在《兵法家传书》中写道：

> 修行不断而渐有所成，一招一式寓于肢体而不在心。于修行中超越自我，则行动自由无阻。达此空明心境，不知心之所在，魔或外物亦无处寻……
>
> 此般修行，为达无我故。若能参透，则无修无行。此乃道之最高境。

至道无难

85

Arriving at the Tao is not difficult.

我们求道路上的种种阻碍几乎都源于我们自身。我们以自我为中心，凡是都考虑“我”和“我的”，放纵自己的好恶。禅宗三祖僧璨6世纪末著的《信心铭》，在开头如此教导我们：

> 至道[1]无难，唯嫌拣择。

1 至道，可理解为“在道路尽头”。

但莫憎爱，洞然明白。

毫厘有差，天地悬隔。

欲得现前，莫存顺逆。

违顺相争，是为心病。

《论语》有云：

子曰：“君子之于天下也，无适也，无莫也，义之与比。”

而宫本武藏在《五轮书》中写道：“直心向道，无己之喜恶。”

草鞋和露重

86

When straw sandals

are soaked with dew,

they become heavy.

此句乃大灯国师[1]语。

---

1 大灯国师，日本临济宗大德寺的开山祖。——译注

草鞋粘了露水而变重，走路会变得困难。同样的，你若满脑子想的都是规矩和茶礼，很可能茶还未到嘴边，就摔了碗。若考虑姿态和技法，你的对手可能在你发现之前就给你致命一击。

再次引用柳生宗矩的话：

> 习箭时若满心只想射箭，则箭不稳。舞剑时若满心只想招式，则剑不稳。提笔时若满心是字，则笔不稳。抚琴时若满心只想手法，则音不稳。
>
> 射箭而忘箭，如以平常心做平常事，则箭稳。舞剑、骑马、写字、抚琴皆是如此。有平常心，则万事不难也。

好事不如无

87

A good thing is not as good as nothing at all.

好事、喜事只会带来依恋和欲求，所以我们不该追求眼前的或物质的欢愉，得道之人不会为这些东西所动。

云门垂语云："人人尽有光明在，看时不见暗昏昏，作么生是诸人光明？"

自代云："厨库三门。"

又云："好事不如无。"

——《碧岩录·第八十六则》

一件好事，不管它对我们而言价值如何，随之而来的一定还有歧视、欲望、依恋、悲伤。"好事不如无"这句禅语警示我们，要小心我们对"好"与"坏"的区分。如果一个人能看清实相无相，那么好事便不再令他愉悦，坏事也不再使其悲伤。对世界毫无偏见的感知是人类心灵的基础，也是"好事不如无"的真正含义。

若说好事不如无，难言此事为吉事。

——《太平记》[1]

好事不如无，庄子是这么解释的：

支离疏者，颐隐于脐，肩高于顶，会撮指天，五

1 《太平记》，日本军记物语（军事小说），成书于1373年前后，记录了之前50年的治乱兴亡。——译注

管在上，两髀为胁。挫鍼治繲，足以糊口；鼓荚播精，足以食十人。上征武士，则支离攘臂而游于其间；上有大役，则支离以有常疾不受功；上与病者粟，则受三钟与十束薪。夫支离其形者，犹足以养其身，终其天年，又况支离其德者乎！

——《庄子·人间世》

随处作主，遇缘即宗

88

Whatever circumstances you may be in,

make them your own;

whomever you encounter, apply your religion.

上句“随处作主”常自成一行物，暗示着下句“随缘即宗”。

兜率悦和尚[1]设三关问学者：“拔草参玄只图见性，即今上人性在甚处？识得自性，方脱生死，眼光落时，作么生脱？脱得生死，便知去处，四在分离，向甚处去？”

1 兜率悦和尚，即兜率从悦（1044—1091），中国宋代临济宗黄龙派僧人。

无门曰：若能下得此三转语，便可以随处作主，遇缘即宗。其或未然，粗餐易饱，细嚼难饥。

颂曰：

一念普观无量劫，无量劫事即如今。

如今觑破个一念，觑破如今觑底人。

——《无门关·第四十七则》

寂然不动

89

At peace and unmoved

一个人若是开悟了，他的精神或心灵就会处于平静、不动摇的状态。需要注意的是，“寂”这个字最初意为“没有人声”，“然”则指“完全的自然、本我”。两个字组在一起，意思不止于平静，还包含孤独和荒凉感，继而让人通感到闲寂。“不动”二字意为“不动摇”“静止”，指的是内心的平和。

这句话的出处应该是孔子对《易经》的评论集《系辞》。《易经》是现存最古老的中文作品之一，日本对它的研究可追溯至公元8世纪：

《易》无思也，无为也，寂然不动，感而遂通天下之故。非天下之至神，其孰能与于此。

老子在《道德经》中写道：

寂兮寥兮，独立不改，周行而不殆。

《淮南子》是一部创作于约公元前2世纪的哲学著作，其中如此论“道”：

汪然平静，寂然清澄。

寂然不动。只有在这种心境下，我们才能得道。

八风吹不动

90

Though the eight winds blow,

he is not moved.

八风吹不动，是心无杂念之人毫不动摇的心境。“八风”实为扰乱人心的八种情绪：利、衰、毁、誉、称、讥、苦、乐。遂了心愿是利；求而不得是衰；毁是毁谤，让我们如坠深渊；誉是名誉，是我们可见之物；称是称颂，让我们飘飘欲仙；讥是讥讽，让我们在众人面前出丑；苦折磨着我们的身心；而乐带给我们愉悦的享受。

如此八风不断变换着吹拂我们。我们不应为其所动，而应坚定心智。为达此境界，我们首先要对“空”的世界有深刻的理解。

泽庵禅师在给柳生宗矩的信中如此写道：

> 不动者，意如其字，智乃智慧之智。虽云不动，非同草木。前后左右，十方八方，心无所住，是谓不动智。
>
> 不动明王者，右手剑，左手绳，露齿怒目，魁梧屹立，斩万恶，护佛法……
>
> 所谓不动明王，人之不动身心也。不动身心即不为何事而留。
>
> 过目不留心，此乃不动也。心有所住则心生判别，继生万动。滞而复动，难动矣。
>
> ——《不动智神妙录》

宫本武藏在《五轮书》中写道：

> 万事万物，或剑或手，唯忌不动。不动则手死，动则手活。

再来看一首日本禅僧义堂周信（1325—1388）的诗：

> 苦海无涯浪高天，
> 八风扰心吹破舟。
> 欲救他人先靠岸，
> 一根芦苇过浅滩。

还有一句意思相近的句子：

> 水流不流月。

水流不息，但水中的月影常在。心不动，无论遇到什么困难，它都是永恒的。如果你修行达此阶段，那么无论面对何种情况，你都能泰然处之。

“水流不流月”这句一行物出自《禅林句集》，在茶室和道场中十分常见。

无碍

91

No obstructions

“无碍”两个字说的是一种完全的自由，没有任何阻碍。所有的疑惑或世俗想法都在打坐或冥想训练中被释放。

《大般若经》中说：

> 菩提萨埵，依般若波罗蜜多故，心无挂碍。无挂碍故，无有恐怖，远离颠倒梦想，究竟涅槃。

“碍”与“我”无异，是阻挡我们得道的自大或自我意识。我们一旦从意识里消除自大，就可以像虔诚的佛教徒那样只为他人着想，或像禅僧那样自由地活[1]——因时因地制宜，如镜子反射万物，物过不留。

武道里说，一个人如果反复练习招式，最后参悟招式背后的真意，那么就可以做到：

> 流露无碍。

1　自由地活，日语写作“円転滑脱”，对应中文“圆滑”的字面意思。

这就是道家所追求的“逍遥”“自然”、儒家所说的“诚”、佛家所说的“释然”。花插得像盛开在田野、上茶毫无做作、舞剑自由优美，都是道。

第十三章　知足

知足

92

Knowing what is enough

“知足”二字取自“唯吾知足”，说的是一个人根据自己的需求和器量，知道什么于自己是基础的、必需的、足够的。“唯吾知足”经常被刻在圆形方孔的石头上：围绕中间一个“口”，四周刻着这四个字。“知足”是茶文化的核心。这个概念在早期道家和佛家经典中已经被阐释得很清楚了。

祸莫大于不知足；咎莫大于欲得。故知足之足，常足矣！

——《道德经·第四十六章》

知人者智，自知者明。胜人者有力，自胜者强。知足者富。强行者有志。不失其所者久。死而不亡者寿。

——《道德经·第三十三章》

名与身孰亲？身与货孰多？得与亡孰病？甚爱必大

费；多藏必厚亡。故知足不辱，知止不殆，可以长久。

——《道德经·第四十四章》

佛教中说八大觉悟，其中第三觉就是“知”，即：

心无餍足，惟得多求，增长罪恶；菩萨不尔，常念知足，安贫守道，惟慧是业。

——《佛说八大人觉经》[1]

诚者，天之道也

93

Sincerity is the Way to Heaven.

更玄乎一点儿地说，“诚”字由“言”和“成”组成，在语源上可以理解为“语言成为现实”是“存在”的必要条件。无“诚”，世间万物无法成为应该成为的样子，木非木，石非石。人们必须好好理解“诚者天之道也”，并将它

1 此为后汉沙门安世高所译。——编注

应用于生活。无“诚”，修禅者如何回答师父的提问？习茶之人如何饮茶？习武之人如何舞剑？

> 诚者，天之道也；诚之者，人之道也。诚者，不勉而中，不思而得，从容中道，圣人也。诚之者，择善而固执之者也。
>
> ——《中庸·第二十章》

> 诚者，自成也；而道，自道也。诚者，物之终始，不诚无物。是故君子诚之为贵。诚者，非自成己而已也。
>
> ——《中庸·第二十五章》

> 欲正其心者，先诚其意。
>
> ——《大学》

日面佛，月面佛

94 Sunface Buddha, Moonface Buddha

马大师[1]不安，院主问：“和尚近日尊候如何？”

1 马大师，见第117页对“马祖”的注释。

大师云：“日面佛，月面佛。”

——《碧岩录·第三则》

日面佛寿长一千八百年，而月面佛寿仅一日一夜。龟活百年，而蜉蝣不过一日。马祖大概是在提示提问者，这个问题不合适。禅超越生死寿命，告诉我们，无论长短，一个人的生命在每一刻都是完整的。

研习道法的佚斋樗山这样解释：

龟鹤于河畔互庆长寿，一蜉蝣叹道：“呜呼！物之本性，何其赞！生死轮回，幻化不停。万物生而复生，长或挫，荣或消，异或同，飞或游，动或静。形色万物各有其位，神秘不可测。不知从何来，不知向哪去。吾辈亦在万物之中，于轮回幻化中逍遥而游……

“龟鹤寿千万年，然终有一死，与吾辈无异。吾辈朝生夕死，却无憾尔。”

——《天狗艺术论》

时止则止，时行则行

95

When it is time to stop,

[the Gentleman] stops;

when it is time to move, he moves.

《艮》，止也。时止则止，时行则行。动静不失其时，其道光明。

兼山，艮；君子以思不出其位。

——《易经》

这第五十二卦“艮”，意象为山顶。这个字常被理解成“不动”或“静止”。从语源上来说，古文中的“艮”描绘的是一只向后看的眼睛。虽然“时止则止，时行则行”常被写在一行物中，但人们有时也会直接将卦符“艮”画于字轴上。各种解释《易经》的作品中都强调这句话的重要性：

艮乃老庄万物与我合一之精髓。

——裴楷

一部《法华经》，只消一个艮字可了。

——周敦颐

解道唯有艮，其余六十三卦皆可弃。

——于雷[1]

和 96 Harmony

和，不坚不柔也。

——《广韵》

从语源上来说，将“和”拆为“禾”与“口”可能不准确，但它反映了和谐的社会构成。古人告诉我们，当人们食不果腹时，“和”是不可能实现的。[2]

“和”在道家、佛家、茶道，还有像合气道这样的武道中，都是非常重要的概念。它要求人与周围的环境完美融合。“和”是意见碰撞时的冷静和中庸，是人类关系的基础。和于阴

1 原文为“Yu Lui”，此处为音译。——译注

2 指《淮南子·主术训》所言“食者，民之本也”。——编注

阳[1]，则气和，就会建立起互动的节奏乃至平衡，万物便不会出位。因此，就算在一大群人甚至敌人之间，也有安宁可寻。

对“和”在日本历史和社会里的重要性怎么强调都不为过，日本人给自己国家取的第一个名字就是“大和”（Yamato）。圣德太子在604年颁布的第一部国家法律，开头便是：

以和为贵。

圣德太子爱读《论语》，上句几乎直接引用了其中那句：

礼之用，和为贵。

对于孔子和圣德太子来说，礼制是治理国家的一味良药。现代社会，“礼制”一词可能已被“礼仪”取代，但其中的道理没有变。

再看几句东方典籍中关于“和”的句子：

知和曰常，知常曰明。

——《道德经·第五十五章》

1 和于阴阳，出自《黄帝内经》所言的“法于阴阳，和于术数”。——编注我守其一以处其和。

——《庄子·在宥》

与此同时，孔子警告我们小心过分的“和”：

君子和而不同。

——《论语·子路》

第十四章　简单生活

一箪食，一瓢饮

97

One plate for eating;

one gourd for drinking

这句话提倡一种简单生活，在东亚文化中，它是很经典的一句话。虽然此话出自儒家，却备受道家、禅宗及各派艺术家推崇。

> 子曰："贤哉，回也！一箪食，一瓢饮，在陋巷，人不堪其忧，回也不改其乐。贤哉，回也！"
>
> ——《论语·雍也》

孔子提醒我们，最好的生活不在于物质，而在完整又有序的自由。当你进入茶室，看见这幅一行物时，哪怕一瞬间也好，请忘记富贵与权势。

还有与之相仿的一句话出自《禅林句集》：

> 争如吃饭着衣，此外更无佛祖。

饥来吃饭，寒到添衣

98

If hungry, eat rice;

if cold, put on your clothes.

饥来吃饭，寒到添衣，是开悟之人最原始、最简单的功课。顺自然行事，不夹杂任何夸张的哲学和过度思考，做自己，要自然。

禅师临济说：

> 佛法无用功处，只是平常无事，屙屎送尿，着衣吃饭，困来即卧。愚人笑我，智乃知焉。

“饥来吃饭，寒到添衣”的完整偈词如下：

> 饥来要吃饭，寒到即添衣。困时伸脚睡，热处爱风吹。

奇怪的是，如此简单，却是禅宗的最高境界；更奇怪的是，要达到这层境界，要耗费多年修行。

画蛇强添足

99

Drawing a snake and then adding legs

这句话说的是做多余的、无意义的、不必要的事可能导致严重的危害。这句话（在日语中）可以用一个更简约的词语来表达，即“蛇足”。

画蛇添足这则故事出自《战国策》：

> 楚有祠者，赐其舍人卮酒。舍人相谓曰：“数人饮之不足，一人饮之有余。请画地为蛇，先成者饮酒。”
>
> 一人蛇先成，引酒且饮之，乃左手持卮，右手画蛇，曰：“吾能为之足。”未成，一人之蛇成，夺其卮，曰：“蛇固无足，子安能为之足？”遂饮其酒。
>
> 为蛇足者，终亡此酒。

《淮南子》中还有一句与此相近：

蛇无足而行，鱼无耳而听，蝉无口而鸣。

空手还乡

100
Returning to one's village empty-handed

我们坐禅并不是为求回报，学习茶道并不是为了炫耀。若我们回家时的行囊比离家时更少、更轻，才叫成功。

在东方发生过这样一个故事：

> 一位禅师被任命为一座大寺庙的住持。他发现赴任路上会经过自己的家乡。他已经很多年没有回去过了，于是穿上紫金袍，由威严的侍从护卫，走过家乡的大道。就在这时，一位步履蹒跚的老者走了出来，叫了他的名字，并说："我记得你，你是捡破烂家的儿子。"这位新上任的住持十分尴尬，而就是这一刻，他醒悟了：他已悟到的并不是真的觉悟。他将法衣捐给乡亲，披上旧的黑袍，回到曾经的寺庙，继续打坐。

与“空手还乡”相似的，还有这样一句：

空手而来，空手而去。

君子之交淡如水

101
A Gentleman’s relationships are as light as water.

禅宗、茶道提倡，我们与他人的关系都不该太亲近（因为亲近容易导致失敬），也不该太功利。坐在我们身边的人是可敬的、友好的，但也不会让我们感到依恋或不必要的分量。

君子之交淡若水，小人之交甘若醴[1]。君子淡以亲，小人甘以绝。彼无故以合者，则无故以离。

——《庄子·山木》

---

1 醴，一种甜酒。

君子之交，其淡如水；小人之交，其甜如蜜。君子因其淡而满，小人因其甜而弃。

——李济

真味只是淡

102

True taste is

only in the light and simple.

无论是与人交际，还是生活中的点点滴滴，都应了这句：

酞肥辛甘非真味，真味只是淡。神奇卓异非至人，至人只是常。

——《菜根谭》

此句与“君子之交淡如水”的关键字都是“淡”，指清淡的汤或模糊的痕迹。“淡”暗指无饰，或者更宽泛地指无欲。“淡月”指的是朦胧的月亮，日本人对它的喜爱远远胜过明月。

17 世纪起，《菜根谭》就在日本广为流传，在此再引用其中的一段文字：

> 涉世浅，点染亦浅；历世深，机械亦深。故君子与其练达，不若朴鲁；与其曲谨，不若疏狂。

行远必自近

103

When you go far off,

you always start from nearby.

> 君子之道，辟如行远必自迩，辟如登高必自卑。
>
> 《诗》曰："妻子好合，如鼓瑟琴；兄弟既翕，和乐且耽；宜尔室家，乐尔妻帑。"
>
> ——《中庸·第十五章》

真正的满足、快乐、和谐其实都触手可及，如享受天伦之乐，与友人在简朴的环境中饮茶，在与志同道合之人淡如水的交往中得到满足。你如果想要修禅，有各种方法，但请记住，在去著名寺院进行昂贵的修行之前，在自己那便宜的垫子上打坐或许有同样的效果。

南无阿弥陀佛

104

Hail to the

Buddha Amitabha.

这是净土宗和真言宗等的真言。以绝对的真诚、信念、愿望背诵此句，人就能在净土、西方极乐世界重生，来世受到极大庇护。这与禅宗形成对比。“禅”被认为是“自力”，也就是凭借自己的力量获得开悟；而念佛被认为是“他力”，是借助其他力量修行。不过，无论信奉禅宗还是佛教的净土宗，修行者都要念佛。念佛表明信仰阿弥陀佛，是拜佛，是感谢，是祈祷。据说，念佛可以扫清心中的疑惑，带来简单，还有禅师、茶人、剑客所看重的耿直的思考和行为。

阿弥陀佛是“无量光佛”，有时也称“无量寿佛”。阿弥陀佛在西方极乐世界，所以是红色的，落日红。很久以前，他在成佛前立下四十八个誓言，说要拯救众生。阿弥陀佛常被描绘成打坐的形象，暗示无与伦比的沉静。

有意思的是，与阿弥陀佛相联系的动物是孔雀。传说中，孔雀可以生吞毒蛇而不受伤害。毒蛇会被孔雀吸收，从毒物转化成某种美丽的事物（孔雀）。与此相同，信仰阿弥陀佛，可以将我们的恨、贪、无知等最坏的品性、习惯转化成佛法倡导的美丽事物。

因此，我们不断念佛，清空自大，让自然本性发光。

第十五章　生活的完整性

左右逢源

105

Meeting the source

to the right

and to the left

处处都是授“道”处。道从“一”来，又回“一”去。源头是“一”，所闻所见皆由“一”来。

孟子曰：“君子深造之以道，欲其自得之也。自得之，则居之安；居之安，则资之深；资之深，则取之左右逢其原，故君子欲其自得之也。”

——《孟子》

一色一香，无非中道

106

A single form,

a single scent:

none are not within the Tao.

此句出自中国佛教经典《摩诃止观》。“一色一香”指的是整个宇宙和芸芸众生。大自然的作品不会有错，在道家看来，茶的清香、壁龛前所摆香丸的气味，都自有价值。这和美国诗人惠特曼所写《草叶集》中的一首诗意义相近：

> 在我心里，
> 一弯草叶可比天上繁星起落。
> 一只蝼蚁，一粒细沙，一枚雀卵，亦如斯完美。
> 树蛙栖居枝头，无疑上苍杰作……
> 鼷鼠亦是奇迹，惊愕亿万不信上帝之人。

处处全真

107

In every place,

the complete

truth

真佛法包含山川及世间万物。

> 大地绝纤埃，何人眼不开。
> 始随芳草去，又逐落花回。

——《长沙游山颂》

若得真实到这境界，何人眼不开？一任七颠八倒，一切处都是这境界，都是这时节。十方无壁落，四面亦无门，所以道："始随芳草去，又逐落花回。"

——《碧岩录·第三十六则》

还有一句与"处处全真"相仿的句子出自《人天眼目》：

何处不称尊。

没有什么地方是不值得尊重的，再旧的茶室中也有和谐与和平，再破的道场里也有专心与努力，而一卷毛毯当坐垫，心灵就会找到打坐的房间。佛法无边。

三界唯一心，
心外无别法。
心佛及众生，
是三无差别。

108

The Tree Worlds are only one Mind;
Beyond the Mind there is no special Law.
The Mind, the Buddha, and all sentient beings:
These three are without distinction.

禅宗就在那坚硬的外壳中。这句修禅者经常念诵的话出自《华严经》，可以单独或与其他经典一起念诵。

"三界"即欲界、色界、无色界。欲界，含六道：地狱、饿鬼、畜生、人、阿修罗、天。色界，是半物质的世界。无色界，是纯精神的世界。佛教认为三界无法分离，因为三界都只存于一心。在还未开悟的阶段，我们不断轮回，流转于三界。在地狱重生，或生为饿鬼、畜生、人，也可能是阿修罗或生于天。要涅槃，必须超越三界，脱离生死的海洋。

不知何处寺，
风送钟声来

109

From what temple

it is unknown:

The sound of the bell

sent by the wind.

这就是打坐时和平、宁静的境界：无论处于何处，细节与整体，在范围和意义上都没有差别。

高启的这句诗同样让人回味：

问春何处来，

春来在何许？

图书在版编目（CIP）数据

禅与饮茶的艺术 /（美）威廉·斯科特·威尔逊（William Scott Wilson）著；傅彦瑶译. — 长沙：湖南人民出版社，2020.1
ISBN 978-7-5561-2321-6

Ⅰ. ①禅…　Ⅱ. ①威… ②傅…　Ⅲ. ①禅宗-关系-茶道-日本　Ⅳ. ①TS971.21

中国版本图书馆CIP数据核字（2019）第224258号

THE ONE TASTE OF TRUTH: Zen and the Art of Drinking Tea
by William Scott Wilson

Published by arrangement with Shambhala Publications, Inc.
4720 Walnut Street #106 Boulder, CO 80301, USA,
www.shambhala.com
through Bardon-Chinese Media Agency

著作权合同登记号：18-2016-032

禅与饮茶的艺术
CHAN YU YINCHA DE YISHU
［美］威廉·斯科特·威尔逊　著　傅彦瑶　译

出 品 人　陈　垦
出 品 方　中南出版传媒集团股份有限公司
　　　　　上海浦睿文化传播有限公司
　　　　　上海市巨鹿路417号705室（200020）
责任编辑　曾诗玉
封面设计　人马艺术设计·储平
责任印制　王　磊
出版发行　湖南人民出版社
　　　　　长沙市营盘东路3号（410005）
网　　址　www.hnppp.com
经　　销　湖南省新华书店
印　　刷　深圳市福圣印刷有限公司

开本：787mm × 1092mm　1/32　　印张：8　　字数：140千字
版次：2020年1月第1版　　印次：2024年4月第6次印刷
书号：ISBN 978-7-5561-2321-6　　定价：56.00元

浦睿文化
INSIGHT MEDIA

出 品 人：陈　垦
出版统筹：戴　涛
策　　划：余　西
监　　制：仲召明
编　　辑：杨俊君
版式设计：张　苗
封面设计：人马艺术设计·储平

欢迎合作出版，请邮件联系：insight@prshanghai.com
新浪微博 @浦睿文化